Projekt

Auf diesen Seiten findest du Anregungen zum selbstständigen Formulieren, Bearbeiten und Präsentieren eines Projekts.
Du erhältst hier auch weiterführende Informationen sowie Anregungen für Experimente.

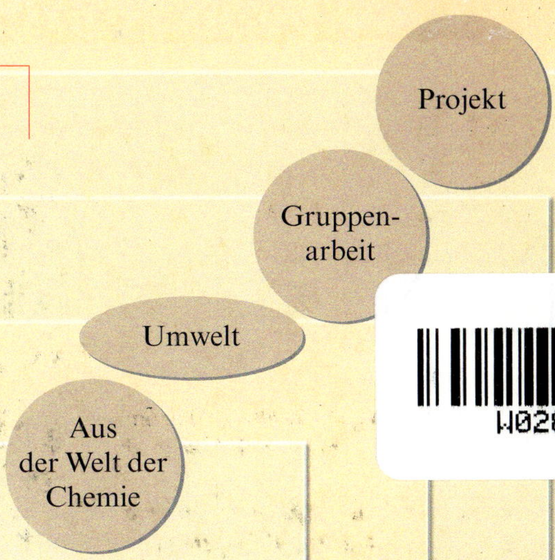

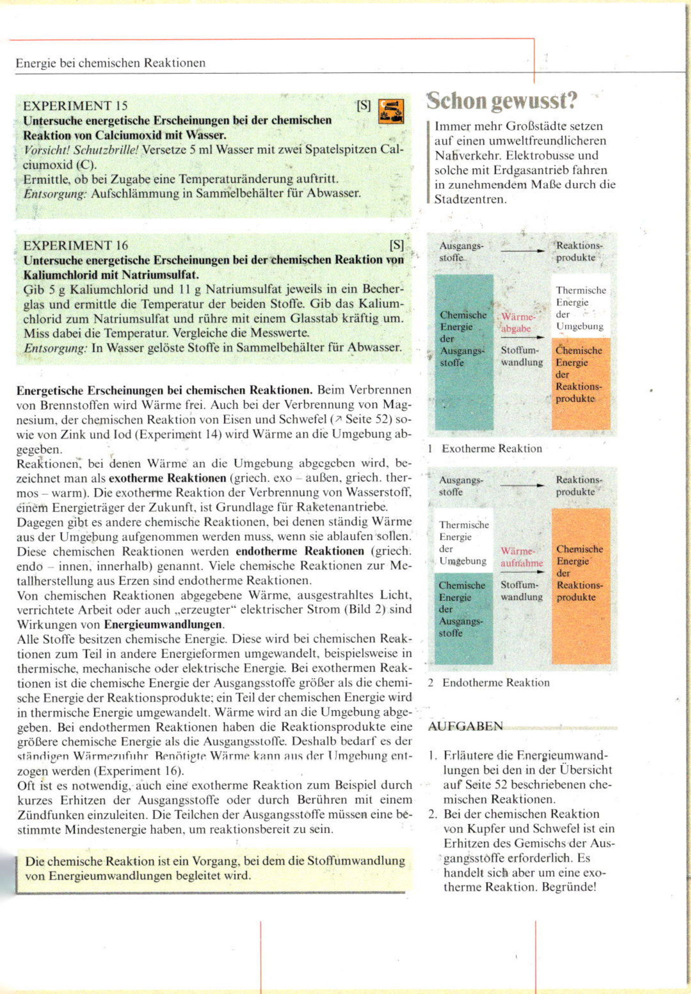

Energie bei chemischen Reaktionen

EXPERIMENT 15 [S]
Untersuche energetische Erscheinungen bei der chemischen Reaktion von Calciumoxid mit Wasser.
Vorsicht! Schutzbrille! Versetze 5 ml Wasser mit zwei Spatelspitzen Calciumoxid (C).
Ermittle, ob bei Zugabe eine Temperaturänderung auftritt.
Entsorgung: Aufschlämmung in Sammelbehälter für Abwasser.

EXPERIMENT 16 [S]
Untersuche energetische Erscheinungen bei der chemischen Reaktion von Kaliumchlorid mit Natriumsulfat.
Gib 5 g Kaliumchlorid und 11 g Natriumsulfat jeweils in ein Becherglas und ermittle die Temperatur der beiden Stoffe. Gib das Kaliumchlorid zum Natriumsulfat und rühre mit einem Glasstab kräftig um. Miss dabei die Temperatur. Vergleiche die Messwerte.
Entsorgung: In Wasser gelöste Stoffe in Sammelbehälter für Abwasser.

Energetische Erscheinungen bei chemischen Reaktionen. Beim Verbrennen von Brennstoffen wird Wärme frei. Auch bei der Verbrennung von Magnesium, der chemischen Reaktion von Eisen und Schwefel (↗ Seite 52) sowie von Zink und Iod (Experiment 14) wird Wärme an die Umgebung abgegeben.
Reaktionen, bei denen Wärme an die Umgebung abgegeben wird, bezeichnet man als **exotherme Reaktionen** (griech. exo – außen, griech. thermos – warm). Die exotherme Reaktion der Verbrennung von Wasserstoff, einem Energieträger der Zukunft, ist Grundlage für Raketenantriebe.
Dagegen gibt es andere chemische Reaktionen, bei denen ständig Wärme aus der Umgebung aufgenommen werden muss, wenn sie ablaufen sollen. Diese chemischen Reaktionen werden **endotherme Reaktionen** (griech. endo – innen, innerhalb) genannt. Viele chemische Reaktionen zur Metallherstellung aus Erzen sind endotherme Reaktionen.
Von chemischen Reaktionen abgegebene Wärme, ausgestrahltes Licht, verrichtete Arbeit oder auch „erzeugter" elektrischer Strom (Bild 2) sind Wirkungen von **Energieumwandlungen**.
Alle Stoffe besitzen chemische Energie. Diese wird bei chemischen Reaktionen zum Teil in andere Energieformen umgewandelt, beispielsweise in thermische, mechanische oder elektrische Energie. Bei exothermen Reaktionen ist die chemische Energie der Ausgangsstoffe größer als die chemische Energie der Reaktionsprodukte; ein Teil der chemischen Energie wird in thermische Energie umgewandelt. Wärme wird an die Umgebung abgegeben. Bei endothermen Reaktionen haben die Reaktionsprodukte eine größere chemische Energie als die Ausgangsstoffe. Deshalb bedarf es der ständigen Wärmezufuhr. Benötigte Wärme kann aus der Umgebung entzogen werden (Experiment 16).
Oft ist es notwendig, auch eine exotherme Reaktion zum Beispiel durch kurzes Erhitzen der Ausgangsstoffe oder durch Berühren mit einem Zündfunken einzuleiten. Die Teilchen der Ausgangsstoffe müssen eine bestimmte Mindestenergie haben, um reaktionsbereit zu sein.

Die chemische Reaktion ist ein Vorgang, bei dem die Stoffumwandlung von Energieumwandlungen begleitet wird.

Schon gewusst?
Immer mehr Großstädte setzen auf einen umweltfreundlicheren Nahverkehr. Elektrobusse und solche mit Erdgasantrieb fahren in zunehmendem Maße durch die Stadtzentren.

Ausgangsstoffe → Reaktionsprodukte
Chemische Energie der Ausgangsstoffe | Wärmeabgabe | Stoffumwandlung | Thermische Energie der Umgebung | Chemische Energie der Reaktionsprodukte

1 Exotherme Reaktion

Ausgangsstoffe → Reaktionsprodukte
Thermische Energie der Umgebung | Chemische Energie der Ausgangsstoffe | Wärmeaufnahme | Stoffumwandlung | Chemische Energie der Reaktionsprodukte

2 Endotherme Reaktion

AUFGABEN

1. Erläutere die Energieumwandlungen bei den in der Übersicht auf Seite 52 beschriebenen chemischen Reaktionen.
2. Bei der chemischen Reaktion von Kupfer und Schwefel ist ein Erhitzen des Gemischs der Ausgangsstoffe erforderlich. Es handelt sich aber um eine exotherme Reaktion. Begründe!

Gruppenarbeit

Hier erhältst du ein umfangreiches Angebot an Experimenten und Aufträgen, die du zusammen mit deinen Mitschülerinnen und Mitschülern als Gruppe bearbeiten kannst.

Merkstoff

Die wichtigsten Inhalte sind in Merksätzen formuliert. Am Ende eines Kapitels werden wichtige Begriffe und Aussagen in einer **Zusammenfassung** wiederholt.

Aufgaben

Mithilfe der Aufgaben kannst du dein Wissen überprüfen. Darüber hinaus eignen sich die Aufgaben zum Wiederholen und Üben.
Sie sollen dir auch helfen, mit dem Gelernten Neues zu entdecken oder Bekanntes neu und tiefer zu verstehen.

Aus der Welt der Chemie

Hier erfährst du etwas über chemische Zusammenhänge im täglichen Leben, in Natur und Technik sowie aus der Geschichte der Chemie.

Themenseiten

Hier kannst du dich über interessante Themen aus den Bereichen *Umwelt*, *Gesundheit* und *Energie* informieren. Dabei werden Fragen aufgeworfen, die nur im Zusammenwirken verschiedener Fächer wie Biologie, Physik, Erdkunde und Mathematik umfassend beantwortet werden können.

Inhalt

Luft – ein Stoffgemisch

Die Erde ist von einer Lufthülle umschlossen, die als Atmosphäre bezeichnet wird. Diese Lufthülle ist eine notwendige Bedingung für das Leben auf der Erde. Sie ermöglicht chemische und biologische Prozesse und schützt vor gefährlicher Strahlung aus dem All.

- ➔ Warum bildet die Luft eine wichtige Grundlage für das Leben auf der Erde?
- ➔ Welche Zusammensetzung hat die Luft?
- ➔ Welche Eigenschaften haben die Bestandteile der Luft und wie werden sie verwendet?
- ➔ Können Luftbestandteile im Labor hergestellt werden?

Lebensgrundlage Luft

Die Lufthülle. Sicher konntest du bei schönem Wetter schon einmal Segelflugzeuge oder Gleitschirmflieger beobachten. Scheinbar schwerelos gleiten sie durch die Luft. Bei Gegenwind fällt das Radfahren wesentlich schwerer als bei Rückenwind. Die Luft ist für uns unsichtbar, nicht zu riechen und nicht zu ertasten. Windräder und Segelboote werden durch Luftbewegungen angetrieben. Lebewesen benötigen Luft zum Atmen. Auch wir Menschen können nur kurzzeitig die Luft anhalten. Meteoriten verglühen aufgeheizt durch Reibung an den Teilchen der Luft. Auf Meeresspiegelhöhe wirkt ein Luftdruck von etwa 1013 hPa. Auf eine Fläche von einem Quadratmeter wirkt dabei eine Kraft, die der Gewichtskraft von einer Tonne entspricht. Dass der Luftdruck eine solch große Kraft hat, wies der Gelehrte OTTO VON GUERICKE (1602 bis 1686) 1657 in seinem Magdeburger Halbkugel-Versuch eindrucksvoll nach.

1 Selbst Pferde waren nicht in der Lage, zwei luftleer gepumpte Halbkugeln gegen den Widerstand des Luftdruckes zu trennen.

Das Leben und das Wetter spielen sich in den unteren 12 km der Lufthülle, der Troposphäre, ab. Das vor der harten UV-Strahlung schützende Ozon befindet sich in der bis in 50 km Höhe reichenden Stratosphäre.

Schon gewusst?

Die Druckunterschiede zwischen einem Hochdruckgebiet und einem Tiefdruckgebiet führen zu einem Luftstrom vom Hochdruck- zum Tiefdruckgebiet. Dieser Luftausgleich wird als Wind bezeichnet. Ist der Druckunterschied relativ gering, weht nur ein schwacher Wind. Bei sehr großem Druckunterschied herrscht auch ein sehr kräftiger Wind.

2 Ein Meteorit verglüht in der Lufthülle.

Bestandteile der Luft. Luft besteht fast ausschließlich aus **Stickstoff** und **Sauerstoff**. Sauerstoff wird zur Atmung von Menschen, Tieren und Pflanzen benötigt.

Bei der Atmung nehmen die Lebewesen Sauerstoff auf und geben Kohlenstoffdioxid ab. Auch **Kohlenstoffdioxid** ist Bestandteil der Luft. Sein Volumenanteil beträgt 0,03 %. Kohlenstoffdioxid wird z. B. von grünen Pflanzen aufgenommen und zusammen mit Wasser mithilfe von Licht durch die Fotosynthese in Traubenzucker und Sauerstoff umgewandelt. Der Traubenzucker dient der Pflanze als Brenn-, Bau- und Speicherstoff. Der Sauerstoff wird in die Luft abgegeben.

Einen Volumenanteil von etwa 1 % nehmen die **Edelgase** ein. Das auch im Erdgas enthaltene **Helium** dient u. a. als Füllgas für Ballons und Luftschiffe. Autos mit blau-violettem Licht haben mit **Xenon** gefüllte Glühlampen. **Krypton** dient als Füllgas für Speziallampen. **Neon** ist als Füllung von Leuchtstoffröhren für farbige Leuchtreklamen im Einsatz. **Argon** dient im Gemisch mit Kohlenstoffdioxid als Schutzgas beim Schweißen. Es verhindert den Kontakt der glühenden Schweißnaht mit Sauerstoff.

Ein weiterer Luftbestandteil zeigt sich durch Tau und Reif auf Pflanzen und Dächern. Diese Erscheinungen sind auf **Wasserdampf** zurückzuführen, der nachts kondensiert bzw. gefriert. Luft kann Wasserdampf bis zu einem Volumenanteil von 4 % aufnehmen.

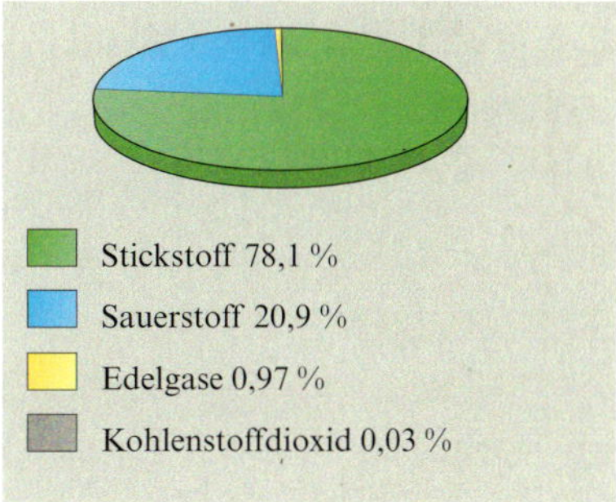

3 Zusammensetzung der Luft

1 Argon verhindert Luftzutritt beim Schweißen.

2 Xenonfüllungen in Glühlampen für Autoscheinwerfer

4 Neon ist Füllgas für Leuchtstofflampen.

Neben diesen natürlichen Luftbestandteilen enthält die Luft auch **Luftschadstoffe**. Bei Verbrennungsvorgängen in Motoren und Heizanlagen entstehen z. B. Stickstoffoxide und Kohlenstoffmonooxid. Aus den Stickstoffoxiden kann durch starke Sonneneinstrahlung in einer chemischen Reaktion das so genannte bodennahe Ozon entstehen.

Ozon ist sehr reaktiv und greift beim Einatmen die Lunge an. Durch verstärkte Atmung wird bei hohem Volumenanteil an Ozon auch die Lunge stärker belastet. Darum sollten vor allem empfindliche Menschen bei erhöhter Ozonkonzentration Sport oder andere starke körperliche Belastungen im Freien vermeiden.

Luft ist ein Stoffgemisch aus Stickstoff, Sauerstoff, Edelgasen und Kohlenstoffdioxid. Es kann weiterhin Wasserdampf und Luftschadstoffe enthalten.

AUFGABEN

1. Nenne die für das Leben von Pflanzen notwendigen Luftbestandteile.
2. Erläutere die Rolle des pflanzlichen Planktons und des Regenwaldes für die Sauerstoffbildung auf der Erde.
3. Erkläre die Entstehung von Morgentau.

Experimentieren mit Gasen

Um mit Gasen experimentieren zu können, werden Gasportionen benötigt, die frei von anderen Gasen also auch frei von Luft sind. Soll z. B. ein Reagenzglas vollständig mit einem gasförmigen Stoff gefüllt werden, wird häufig die Methode des pneumatischen Auffangens angewendet. Bei dieser Methode wird in eine mit Flüssigkeit gefüllte Wanne ein mit Flüssigkeit gefülltes Auffanggefäß mit der Öffnung nach unten gestellt. Das Gas wird in das Auffanggefäß geleitet. Dabei verdrängt es nach und nach die sich darin befindende Flüssigkeit. Die Methode kann nur angewendet werden, wenn sich das betreffende Gas kaum in der Flüssigkeit löst und nicht mit der Flüssigkeit reagiert. Meistens wird Wasser verwendet.

EXPERIMENT 2 [L]

Darstellung von Sauerstoff.
10%ige Wasserstoffperoxidlösung (Xi) wird in einem Rundkolben auf angefeuchteten Braunstein (Xn) getropft.
Das entstehende Gas ist pneumatisch aufzufangen.

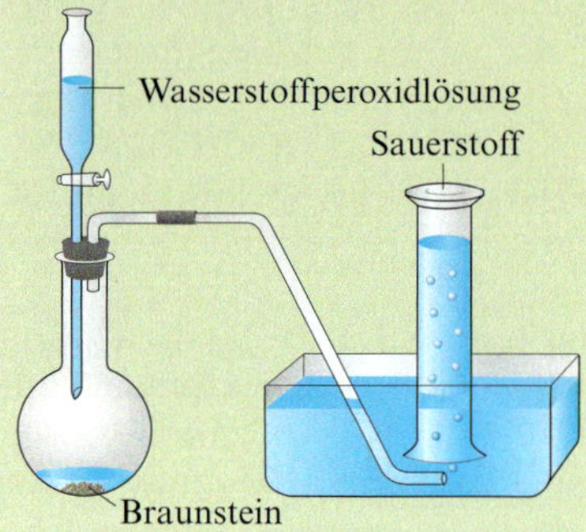

Arbeitsschritte des pneumatischen Auffangens von Gasen

1. Pneumatische Wanne etwa zu zwei Dritteln mit Wasser füllen.
2. Auffanggefäß so unter Wasser legen, dass die Luft ganz entweicht.
3. Auffanggefäß mit der Öffnung nach unten aufrichten und befestigen.
4. Gasableitungsrohr in das Auffanggefäß führen.
5. Nach dem Füllen das Auffanggefäß unter Wasser mit Deckplatte oder Stopfen verschließen.

Darstellen von Sauerstoff. Für viele Experimente wird Sauerstoff benötigt. Neben der Entnahme aus Druckgasflaschen lässt sich Sauerstoff im Labor durch verschiedene chemische Reaktionen darstellen. Eine Möglichkeit ist die Zersetzung von Wasserstoffperoxid mit angefeuchtetem Braunstein. Eine weitere Möglichkeit ist das Erhitzen von Kaliumpermanganat. In beiden Experimenten kann nach Verdrängung der Luft aus den Reaktionsgefäßen der Sauerstoff pneumatisch aufgefangen werden.

EXPERIMENT 1 [S]
Ermittle den Sauerstoffanteil der Luft.
Schiebe Eisenwolle in ein Quarzglasrohr ($l \approx 20$ cm, $d = 8$ mm) und verschließe es mit Stopfen, die mit Glycerin eingeschmiert werden. Blase den Luftballon einmal auf, lass die Luft wieder heraus und ziehe ihn über das Glasrohr im Stopfen. Sauge 50 ml Luft in die Einwegspritze (100 ml). Erhitze die Eisenwolle mit der rauschenden Brennerflamme. Drücke die Luft während des Erhitzens mehrmals über die Eisenwolle. Lies nach dem Erkalten und dem Entleeren des Luftballons das Luftvolumen in der Einwegspritze ab. Ermittle das verbrauchte Volumen Luft. Vergleiche dein Ergebnis mit dem anderer Schülerinnen und Schüler.
Entsorgung: Eisenwolle in Sammelgefäß für Hausmüll.

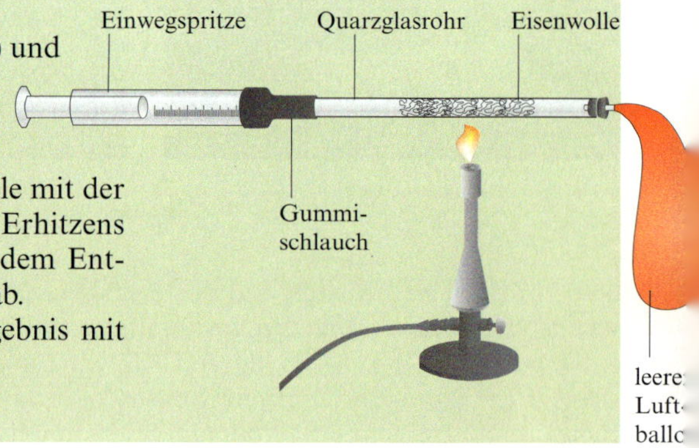

Darstellen von Stickstoff. Für die Wirtschaft und die Industrie wird reiner Stickstoff durch Destillation verflüssigter Luft hergestellt. Dieses Verfahren, das erstmals 1865 durchgeführt wurde, ist wegen der unterschiedlichen Siedetemperaturen der einzelnen Luftbestandteile möglich. Stickstoff geringerer Reinheit lässt sich durch chemische Reaktion des Sauerstoffs gewinnen. Dabei wird glühendes Eisenpulver in ein abgeschlossenes Luftvolumen gebracht. Das Eisen reagiert mit dem Sauerstoff zu Eisenoxid. Der feste Stoff Eisenoxid lässt sich einfach entfernen. Das auf diese Weise gewonnene Gasgemisch besteht fast nur aus Stickstoff.

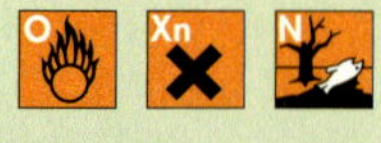

EXPERIMENT 3 [L]
Darstellung von Sauerstoff.
Kaliumpermanganat (O, Xn, N) wird im Reagenzglas erhitzt.
Das entstehende Gas ist pneumatisch aufzufangen.

Wir untersuchen Sauerstoff und Stickstoff

Experimentell wurde ermittelt, dass Sauerstoff zu etwa einem Fünftel Bestandteil der Luft ist. Daneben ist Stickstoff mit etwa vier Fünfteln Hauptbestandteil der Luft. Welche Eigenschaften haben Sauerstoff und Stickstoff? Wie können diese Gase experimentell nachgewiesen werden?

EXPERIMENT 1 [S]
Übe das pneumatische Auffangen von Luft.
Fülle ein Reagenzglas mithilfe eines Gummi-Handgebläses pneumatisch mit Luft. Verschließe das Reagenzglas unter Wasser mit einem passenden Stopfen. Beschrifte es mit der Ziffer 1.

EXPERIMENT 2 [S]

Stelle Sauerstoff aus Kaliumpermanganat dar.
Baue die Apparatur entsprechend Abbildung 1 auf. Gib in das Reagenzglas zwei Spatellöffel Kaliumpermanganat (O, Xn, N). Erhitze das Kaliumpermanganat vorsichtig mit kleiner Brennerflamme und fülle nacheinander die Reagenzgläser 2 und 3 pneumatisch mit Gas. Verschließe die Reagenzgläser unter Wasser mit passenden Stopfen.
Achtung! Vor dem Entfernen der Brennerflamme den Stopfen mit der Gasableitung lösen!

EXPERIMENT 3 [S]
Führe die Glimmspanprobe durch.
Entzünde einen längeren Holzspan und warte, bis er richtig brennt. Blase die Flamme aus. Tauche den Span mit der glimmenden Spitze in das Reagenzglas 1. Wiederhole diese Probe auch mit den Reagenzgläsern 2 und 3. Notiere deine Beobachtungen.

EXPERIMENT 4 [S]

Stelle Sauerstoff aus Wasserstoffperoxid dar.
Baue die Apparatur entsprechend Abbildung 2 auf. Gib in das Reagenzglas eine Spatelspitze Braunstein (Xn) und fülle die Pipette mit 3%iger Wasserstoffperoxidlösung. Tropfe 20 bis 30 Tropfen der Lösung auf den Braunstein. Fülle zwei Reagenzgläser pneumatisch mit Gas. Führe mit beiden Reagenzgläsern die Glimmspanprobe durch.
Notiere deine Beobachtung.

EXPERIMENT 5 [S]
Prüfe die Brennbarkeit von Stickstoff.
Tauche einen brennenden Holzspan in einen bereitgestellten Standzylinder mit Stickstoff. Notiere deine Beobachtungen.

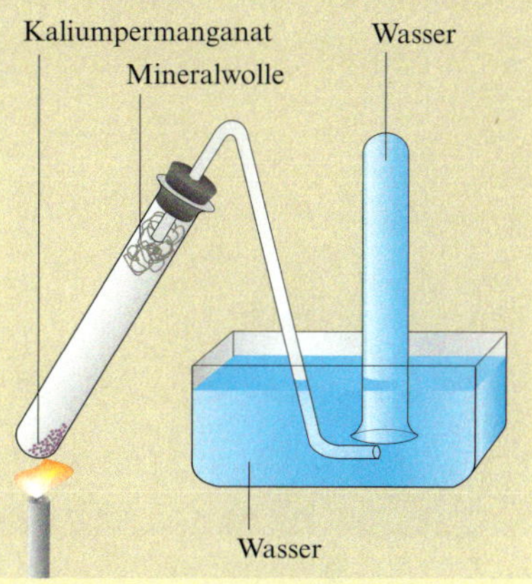

1 Darstellung von Sauerstoff aus Kaliumpermanganat

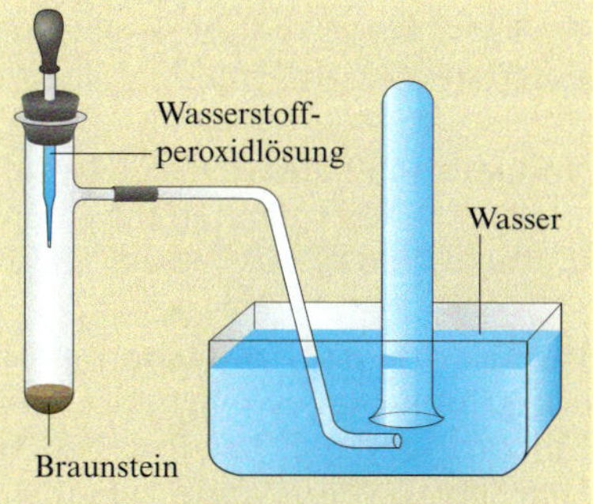

2 Darstellung von Sauerstoff aus Wasserstoffperoxid

Entsorgung

Kaliumpermanganatreste in Sammelbehälter I. Wasserstoffperoxidlösung in Sammelbehälter für Abwasser, Braunstein in Sammelbehälter für Hausmüll. Holzspäne einsammeln, werden wieder verwendet.

AUFTRÄGE

1. Informiert euch über die technische Herstellung von Sauerstoff und Stickstoff. Sucht dazu unter dem Stichwort „Lindeverfahren".
2. Carl von Linde gewann als erster großtechnisch verschiedene Luftbestandteile. Fertigt eine tabellarische Übersicht über dessen Leben an.

Sauerstoff und Stickstoff

1 Zum Schweißen oder Schneiden von Metallen benötigt man reinen Sauerstoff.

Sauerstoff – Eigenschaften. Sauerstoff ist ein farbloses und geruchloses Gas. Er selbst ist nicht brennbar, fördert aber die Verbrennung anderer Stoffe. Sauerstoff ist wenig wasserlöslich, hat eine etwas größere Dichte als Luft. In zu hohen Konzentrationen wirkt Sauerstoff auf Dauer gesundheitsschädigend.

Nachweis von Sauerstoff. Sauerstoff wird mit der **Glimmspanprobe** nachgewiesen. Dabei flammt ein glimmender Holzspan in einem mit Sauerstoff gefüllten Gefäß hell auf (Bild 2).

Verwendung und Bedeutung von Sauerstoff. Sauerstoff wird für die Atmung von Lebewesen benötigt. Der Volumenanteil des Sauerstoffs an der Luft beträgt etwa 21 %. In der Ausatemluft des Menschen ist noch ein Volumenanteil von etwa 16 % enthalten. Luft mit einem Volumenanteil an Sauerstoff unter 7 % führt zur Bewusstlosigkeit und unter 3 % zum Tod durch Ersticken.
Luftsauerstoff wird z. B. in Kraftwerken, Heizungen und Automotoren bei den dort ablaufenden Verbrennungsvorgängen verbraucht. Reiner Sauerstoff wird in der Industrie z. B. bei bestimmten Stahlherstellungsverfahren benötigt.
In der Raumfahrt ist er Bestandteil mancher Raketentreibstoffe und wird hier ebenso wie in U-Booten und Flugzeugen zur Aufrechterhaltung eines ausreichenden Sauerstoffanteils der Atemluft verwendet.
In der Medizin wird er bei Beatmungen zugesetzt und spezielle Sauerstofftherapien können Alterserscheinungen und Krankheiten mildern.
Reiner Sauerstoff wird durch Destillation verflüssigter Luft gewonnen. Dabei lassen sich auch Stickstoff und Argon gewinnen. Sauerstoff wird in Stahlflaschen mit blauer Flaschenschulter aufbewahrt.

Stickstoff – Eigenschaften. Stickstoff ist ein farbloses, geruchloses und ungiftiges Gas, das unter normalen Bedingungen nicht brennt. Stickstoff leitet den elektrischen Strom und die Wärme nicht. Er ist nahezu wasserunlöslich. Sein Volumenanteil an der Luft beträgt etwa 78 %.

Steckbrief

Sauerstoff
Farbe: farblos (flüssig: hellblau)
Geruch: geruchlos
Aggregatzustand: gasförmig
Siedetemperatur: – 183 °C
Schmelztemperatur: – 219 °C
Giftigkeit: ungiftig
Wasserlöslichkeit: gering
Brennbarkeit: nicht brennbar, fördert aber die Verbrennung
Dichte: 1,43 g/l (bei $\vartheta = 0\,°C$)

2 Glimmspanprobe

Nachweis von Stickstoff. Der Nachweis von Stickstoff ist kompliziert. Ein Hinweis auf das Vorhandensein von reinem Stickstoff liegt vor, wenn ein farbloses, geruchloses Gas eine Flamme erstickt. Daher stammt der Name Stickstoff.

Verwendung und Bedeutung. Der reaktionsträge Stickstoff wird in reiner Form als Reifenfüllung und in flüssigem Aggregatzustand als Kühlmittel in Technik und Medizin eingesetzt. In Druckflaschen für Taucher wird er zusammen mit dem Sauerstoff gespeichert. Stickstoff kommt in gebundener Form in Eiweißen vor. Manche Bodenbakterien können Stickstoff der Luft binden und wandeln ihn in für Pflanzen aufnehmbare Stoffe um. Zur Herstellung von Ammoniak, u. a. ein Grundstoff für die Stickstoffdüngerherstellung, wird ebenfalls Stickstoff benötigt. Stickstoff dient bei der Verpackung von Lebensmitteln als Schutzgas, um Sauerstoff auszuschließen. Dadurch verlängert sich die Haltbarkeitsdauer der Lebensmittel. Stickstoff wird in Stahlflaschen mit schwarzer Schulter aufbewahrt.

Steckbrief

Stickstoff
Farbe: farblos
Geruch: geruchlos
Aggregatzustand: gasförmig
Siedetemperatur: – 196 °C
Schmelztemperatur: – 210 °C
Giftigkeit: ungiftig
Wasserlöslichkeit: fast unlöslich
Brennbarkeit: nicht brennbar, wirkt Flammen erstickend
Dichte: 1,251 g/l (bei $\vartheta = 0\,°C$)

Sauerstoff mit einem Volumenanteil von 21 % und Stickstoff mit 78 % sind die Hauptbestandteile der Luft. Die Glimmspanprobe dient als Nachweis für Sauerstoff. Wird eine Flamme erstickt, kann dies ein Hinweis auf Stickstoff sein.

Sauerstoff und Stickstoff sind bei 25 °C gasförmig. Sie besitzen keine metallischen Eigenschaften wie metallischen Glanz, Leitfähigkeit für elektrischen Strom und Wärme. Stoffe, die keine metallischen Eigenschaften besitzen, bezeichnet man als **Nichtmetalle.**

1 Tiefkühlen von Lebensmitteln mit flüssigem Stickstoff

2 Druckflaschen für Sauerstoff (blau) und Stickstoff (schwarz)

AUFGABEN

1. Beschreibe eine Möglichkeit zur Darstellung von Sauerstoff.
2. Erläutere die Bedeutung der Wasserlöslichkeit von Sauerstoff für Wasserlebewesen. Welche Probleme können sich dabei durch die geringe Löslichkeit ergeben?
3. Nenne Verwendungsmöglichkeiten für Sauerstoff in der Medizin.
4. Nenne die Kennzeichnung für Druckgasflaschen, in denen Sauerstoff bzw. Stickstoff gespeichert sind.
5. Stickstoff kann als Füllgas für Lkw-Reifen genutzt werden. Nenne Vorteile dieser Nutzung.

Gruppen-arbeit

Reagieren Kohlenstoff und Schwefel mit Luft?

Kohlenstoffdioxid und Schwefeldioxid gelangen bei Vulkanausbrüchen in riesigen Mengen in die Luft.
Wie entstehen diese Verbindungen in der Natur? Wie können Kohlenstoffdioxid und Schwefeldioxid hergestellt werden?

1 Vulkanausbruch

EXPERIMENT 1 [S]

Untersuche die Wirkung von Kohlenstoffdioxid auf eine brennende Kerze.
Stelle eine Kerze in einen Standzylinder und entzünde sie. Fülle ein Becherglas mit Kohlenstoffdioxid und übergieße die brennende Kerze mit dem Kohlenstoffdioxid.
Beobachte die Kerzenflamme. Leite Schlussfolgerungen über die Brennbarkeit und die Dichte von Kohlenstoffdioxid ab.

EXPERIMENT 2 [S]

Verbrenne Holzkohle in Luft und in Sauerstoff.
Gib Holzkohle auf einen Verbrennungslöffel und erhitze die Holzkohle zum Glühen. Tauche den Löffel in einen Standzylinder mit Sauerstoff und verschließe den Standzylinder mit dem Stopfen. Bringe nach der Reaktion einen brennenden Holzspan in den Standzylinder.
Wiederhole das Experiment mit Luft statt mit Sauerstoff.
Beobachte die Flamme und vergleiche die Beobachtungsergebnisse.

2 Verbrennen von Holzkohle in Sauerstoff

EXPERIMENT 3 [S] T

Verbrenne Schwefel in Luft und in Sauerstoff.
Vorsicht! Unter dem Abzug arbeiten! Bohre vorsichtig einen Eisendraht durch einen Stopfen. Erwärme den Draht, tauche ihn in Schwefelpulver. Entzünde den Schwefeltropfen am Draht, tauche den Draht in einen Rundkolben mit Sauerstoff und verschließe den Rundkolben sofort mit dem Stopfen.
Wiederhole das Experiment mit Luft statt mit Sauerstoff.
Beobachte die Flamme und vergleiche die Beobachtungsergebnisse.

Entsorgung

Kerze einsammeln, wird wieder verwendet. Geräte unter dem Abzug gut lüften.

AUFTRÄGE

1. Vier Standzylinder sind mit farblosen Gasen gefüllt. In je einem Standzylinder befindet sich Sauerstoff, Schwefeldioxid, Luft und Kohlenstoffdioxid. Überlegt, wie auf einfache Weise experimentell ermittelt werden kann, welches Gas sich in welchem Standzylinder befindet.
2. Kohlenstoffdioxid ist natürlicher Bestandteil der Luft, wird aber auch als Luftschadstoff bezeichnet. Überlegt, wann welche Bezeichnung zutreffend ist.
3. Fertigt über die Stoffe Kohlenstoffdioxid und Schwefeldioxid Steckbriefe an. Ergänzt den Steckbrief mit Angaben über Vorkommen und Verwendung der beiden Stoffe.
4. Informiert euch im Internet über Vulkanausbrüche in den letzten sechs Monaten. Zeichnet die Orte in einer Weltkarte ein. Stellt fest, in welchen Gebieten die Vulkanaktivität am größten war.
5. Ermittelt in verschiedenen Informationsquellen die qualitative und quantitative Zusammensetzung der Gasgemische, die bei einem Vulkanausbruch freigesetzt werden. Zeichnet ein Tortendiagramm mit den Werten.
6. Informiert euch im Internet, in anderen Informationsquellen oder bei einem Lungenfacharzt, welche Erkrankungen der Atemwege auf die Wirkung von Luftschadstoffen zurückzuführen sein können.

Nichtmetalloxide

Kohlenstoffdioxid und Schwefeldioxid als Verbrennungsprodukte. Kohlenstoffdioxid und Schwefeldioxid entstehen beim Verbrennen fossiler Brennstoffe wie Holz, Kohle, Erdöl und Erdgas. Auch beim Verbrennen von Benzin und Diesel in Motoren entstehen beide Stoffe. Bei einer Verbrennung handelt es sich um eine schnell ablaufende Reaktion, bei der ein Stoff mit Sauerstoff unter Entwicklung hoher Temperaturen und Lichterscheinungen reagiert.
Kohlenstoffdioxid entsteht außerdem bei der Atmung und dem biologischen Abbau von Stoffen. Schwefeldioxid wird zusammen mit anderen Gasen bei Vulkanausbrüchen freigesetzt.

1 Verbrennen von Schwefel in Sauerstoff

Eigenschaften und Bedeutung von Kohlenstoffdioxid. Kohlenstoffdioxid ist ein farbloses, geruchloses und nicht brennbares Gas mit einer größeren Dichte als Luft. Da es die Verbrennung nicht unterhält, wird es als Feuerlöschmittel eingesetzt. In Wasser ist es gut löslich. In gelöster Form ist es enthalten in Limonaden, Mineralwässern, Bier und Sekt.
Kohlenstoffdioxid ist im Kreislauf der Natur unentbehrlich. In den grünen Teilen von Pflanzen werden unter Einfluss des Sonnenlichts aus Kohlenstoffdioxid und Wasser für die Pflanzen wichtige Stoffe gebildet, die Menschen und Tiere in Form der Nahrung zu sich nehmen.
Kohlenstoffdioxid wird als Kühl- und Kältemittel eingesetzt, dient in Sprays als Treibgas und in Lagerräumen unterstützt es das Reifen von Obst.

2 Wirkung von Schwefeldioxid auf den Farbstoff einer Rosenblüte

Eigenschaften und Bedeutung von Schwefeldioxid. Schwefeldioxid ist ein giftiges Gas und lässt sich unter Druck verflüssigen. Es riecht charakteristisch und reizt die Schleimhäute. Es wirkt Insekten tötend und hemmt das Wachstum von Mikroorganismen. Besonders giftig wirkt Schwefeldioxid auf Pflanzen, insbesondere auf Bäume. Zusammen mit Luftfeuchtigkeit oder Regen bildet es den sauren Regen und Smog, die Pflanzen, Tiere, Bauwerke und den Boden stark schädigen können.
Schwefeldioxid dient zur Herstellung vieler Chemikalien, Medikamente und Farbstoffe. Aufgrund keimtötender Wirkung wird es auch als Desinfektionsmittel und Konservierungsmittel für Lebensmittel verwendet. Außerdem dient es dem Bleichen von Papier und Textilien sowie der Abwasserreinigung.

Darstellung von Kohlenstoffdioxid und Schwefeldioxid. Kohlenstoff reagiert mit dem Sauerstoff der Luft zu Kohlenstoffdioxid. Schwefel reagiert mit Sauerstoff zu Schwefeldioxid. Beide Oxide sind chemische Verbindungen, die als Reaktionsprodukte aus einem Nichtmetall und Sauerstoff entstanden sind. Solche Verbindungen werden als **Nichtmetalloxide** bezeichnet.

Kohlenstoff + Sauerstoff ⟶ Kohlenstoffdioxid
Schwefel + Sauerstoff ⟶ Schwefeldioxid

Nichtmetall + Sauerstoff ⟶ Nichtmetalloxid

> Kohlenstoffdioxid und Schwefeldioxid sind Nichtmetalloxide. Nichtmetalloxide sind reine Stoffe, in denen ein Nichtmetall und Sauerstoff eine chemische Verbindung eingegangen sind.

AUFGABEN

1. Wenn man früher in unbekannten Schächten Arbeiten durchführen wollte, wurde die Luft vorher mit einer brennenden Kerze geprüft. Begründe diese Maßnahme.
2. Begründe, weshalb der Treibhauseffekt für das Leben auf der Erde wichtig ist, eine Verstärkung des Treibhauseffekts aber zur Klimakatastrophe führen kann.
3. Warum werden die Heizungen in vielen Wohnungen auf Erdgas oder Öl umgestellt?
4. Beim Öffnen einer gekühlten Flasche Mineralwasser entweicht weniger Kohlenstoffdioxid als bei höherer Temperatur. Versuche Gründe dafür zu finden.

Verschmutzung und Reinhaltung der Luft

1 Blick auf eine Stadt mit starker Luftverschmutzung

Peter schimpft: „Wir konnten am Wochenende aus Leipzig nicht wegfahren, weil das Autofahren wegen zu viel Ozon verboten wurde.“
Maik meint: „Ich denke, wir haben zu wenig Ozon. Es heißt doch immer ‚Ozonloch‘.“ Jana seufzt: „Ich mach mir Sorgen. Mein kleiner Bruder leidet unter asthmatischen Anfällen bei Smog.“ Auch Carla ist nachdenklich. Ihr sind beim letzten Ausflug die toten und kranken Bäume im Wald aufgefallen. Was meint ihr dazu?

Planung. Stellt Überlegungen zur Arbeitsorganisation (Arbeitsgruppen, Einzelaufträge usw.), zur Durchführung, zur Dokumentation und zur Zeitdauer des Projekts an.
Um die Thematik in ihrer Vielschichtigkeit zu erfassen, solltet ihr erkunden, welche Problemstellungen ihr bearbeiten wollt.
Hier einige Anregungen: Welche Schadstoffe kommen in der Luft vor? Wie kann ich Schadstoffe feststellen? Welche Wirkungen haben die einzelnen Schadstoffe auf Pflanzen, Tiere, Menschen, Grundwasser, Boden oder Bauwerke? Welche Ämter, Firmen, Gruppen oder Fachleute können weitere Hinweise geben? Welche technischen Maßnahmen gibt es um Schadstoffe abzufangen oder gar nicht erst entstehen zu lassen? Wie kann jeder einzelne dazu beitragen Schadstoffe zu vermeiden? In welchen Gebieten treten besonders starke Belastungen auf? Zu welchen Tages- oder Jahreszeiten gibt es besondere Probleme?
Dies sind nur einige Vorschläge zu diesem Thema. Sicher findet ihr noch weitere Fragen oder örtliche Besonderheiten zu diesem Themenkomplex. Vielleicht findet ihr auch Experimente oder Untersuchungsaufgaben, die ihr selber durchführen könnt.

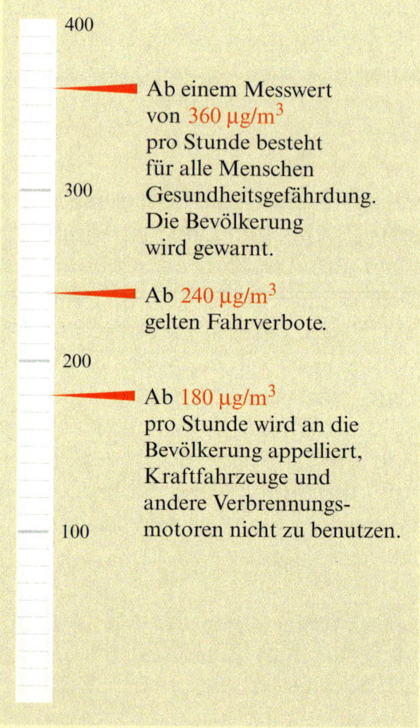

2 Wichtige Ozonwerte

EXPERIMENT 1 [S]

Untersuche die Belastung der Luft durch verschiedene Luftschadstoffe.
Plane ein Experiment, mit dem du die Konzentration von verschiedenen Luftschadstoffen untersuchen kannst. Du kannst an unterschiedlichen Orten und zu unterschiedlichen Zeiten testen. Zum Beispiel sind dafür sogenannte Gasprüfröhrchen, durch die mit einer Pumpe ein genau definiertes Luftvolumen gesaugt wird, gut geeignet.

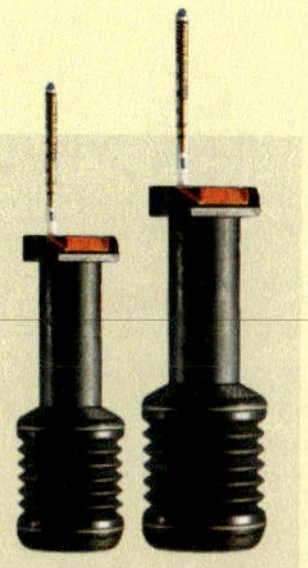

EXPERIMENT 2 [S]

Untersuche die Wirkung eines Luftschadstoffs auf das Keimen von Kresse.

Plane ein Experiment, mit dem du die Wirkung von Luftschadstoffen, z. B. Schwefeldioxid (T), auf das Keimen von Kressesamen und Wachsen der Kressepflänzchen untersuchen kannst. Du kannst entweder die Wirkung der Gase oder die Wirkung der in Wasser gelösten Gase untersuchen. Stelle im Vorfeld Überlegungen zur Zeitdauer und zur Vergleichbarkeit der Ergebnisse an.

EXPERIMENT 3 [S]

Untersuche die Staubbelastung der Luft.

Plane ein Experiment, mit dem du die Menge der Staubpartikel der Luft an unterschiedlichen Orten untersuchen kannst. Beispielsweise eignet sich die Klebefläche von Klebeband zum Einfangen der Staubpartikel. Plane auch Vorkehrungen zum Schutz vor Wettereinflüssen.

EXPERIMENT 4 [S]

Untersuche die Wirkung von UV-Licht auf Kressekeimlinge.

Plane ein Experiment zur Untersuchung der Wirkung von UV-Licht auf Kressekeimlinge.

1 Solaranlage auf einem Hausdach

2 Windkraftanlagen

3 Waldschäden durch sauren Regen

Arbeiten am Projekt. Nach Abschluss der Vorüberlegungen solltet ihr euch auf wirklich realisierbare Aufgaben und Aufträge einigen. Bedenkt, dass ihr bei der Befragung von Experten meist Termine vereinbaren müsst. Nutzt Bibliotheken und das Internet zur Informationsrecherche. Dokumentiert regelmäßig eure Ergebnisse, passt euren Zeitplan möglichen Veränderungen an und besprecht diese mit allen Projektteilnehmern. Spätestens in der Arbeitsphase müsst ihr euch Gedanken über die Ergebnisdarstellung machen, damit ihr z. B. Fotos, Videofilme, Interviewmitschnitte direkt anfertigen könnt.

Präsentation der Ergebnisse. Die Ergebnisse sollten so aufbereitet werden, dass alle Mitschüler, aber auch Freunde, Eltern oder andere Interessierte, schnell das Wichtigste erkennen können, aber auch vertiefende Informationen finden. Trennt dabei Fakten von subjektiven Ansichten. Mögliche Präsentationsarten können Vorträge, Wandzeitungen, Rollenspiele, Internetseiten oder Zeitungsartikel sein.

Dicke Luft macht krank

Durch Atmen krank? Sabine muss im Unterricht oft niesen und Peter bekommt häufig Hustenanfälle. Andere Mitschüler klagen über Augenreizungen, Hautausschläge und Kopfschmerzen. Alle Schüler wohnen in demselben Stadtviertel. Sabine und Peter wohnen im selben Haus. Auch andere Mieter dieses Hauses klagen über Reizungen von Augen und Nase, über Hustenanfälle, Kopfschmerzen und häufige Atemwegsinfektionen. Wodurch werden dieses Symptome verursacht? Sabines Eltern erfuhren beim Gesundheitsamt: „Wenn mehrere Leute in einem Haus solche Beschwerden haben, so nennen wir das ein ‚Sick Building Syndrom'. Mit Schadstoffen belastete Luft wirkt auf Augen und Atemwege. Die Haut kann ebenfalls empfindlich reagieren." Woher kommen die Schadstoffe in der Wohnung? Was kann man dagegen tun?

1 Zigarettenrauch ist der häufigste Luftschadstoff in Räumen.

Gute Luft – schlechte Luft. Gute Luft in den Wohnungen ist für unser Wohlbefinden notwendig. In der Raumluft können aber mehr Luftschadstoffe als an einer stark befahrenen Straßenkreuzung enthalten sein. Nach dem Streichen einer Wohnung riecht es ganz typisch nach frischer Farbe. Neu verlegter Teppichboden und neu gekaufte Möbel haben ihren ganz eigenen Geruch. Beim Möbelbau und zum Herstellen von Spanplatten werden Holzschutzmittel und Bindemittel verwendet. Die Möbelhersteller verwenden nicht immer schadstofffreie Chemikalien. Sind Schadstoffe enthalten, können diese von den neu gekauften Möbeln an die Raumluft abgegeben werden. Auch Teppichbodenkleber, Dichtschäume in Fensterrahmen, Farben, Lacke, Tapetenimprägnierung und Reinigungsmittel können Verursacher von Schadstoffen in der Raumluft sein.
In Innenräumen ist Zigarettenrauch der häufigste Luftschadstoff. Er kann zu Lungenkrebs führen.

Wirkungen von Luftverunreinigungen. Schadstoffe werden mit der Luft eingeatmet und wirken auf die Schleimhäute von Mund, Nase und Augen (Bild 1). Gereizte Schleimhäute und Atemwege weisen oft auf Schadstoffe in der Luft hin. In Gebieten mit hoher Luftverschmutzung treten beim Menschen häufig Allergien, Asthma, Herz-Kreislauf-Erkrankungen, Konzentrationsstörungen, Schwindelgefühl, Rötungen der Haut bis hin zu Hautausschlägen und Störungen des Geruchs- und Geschmackssinns auf. Bei Kindern kommt es häufig zum so genannten „Pseudokrupp", einer lebensbedrohlichen Erkrankung. Sie äußert sich in Hustenanfällen und Atemnot.

Mögliche Schadstoffe in der Raumluft und ihre Wirkung

Schadstoff	Wirkung
Formaldehyd aus Spanplatten und Zigarettenrauch	Allergien, Hautschäden, krebserzeugend
Asbestfasern aus Asbestzement	Asbestose, krebserzeugend
Pentachlorphenol (PCP) aus Holzschutzmitteln	giftig
polychlorierte Biphenyle (PCB) aus Fugendichtungen von Betonteilen	giftig, krebserzeugend

Wie lässt sich die Luftqualität beschreiben?

unmittelbarer Eindruck	schwül, stickig, frisch, abgestanden, verbraucht …
Trübung	klar, staubig, neblig, verraucht, diesig …
Art des Geruchs	erdig, modrig, faulig, fischig, aromatisch, grasartig, jauchig, rauchig …
Stoffgeruch	nach Ammoniak, nach Chlor, nach Teer, nach faulen Eiern …
Stärke des Geruchs	ohne, schwach, stark

Wie lässt sich die Luftqualität messen?

Luftfeuchte	mit dem Hygrometer (trocken, feucht)
Lufttemperatur	mit dem Thermometer (kalt, warm)
Luftdruck	mit dem Barometer
Staubgehalt	über den Staubniederschlag in Sammelgefäßen
Trübung	über die Sichtweite
Strömungsgeschwindigkeit	mit einem Windrad

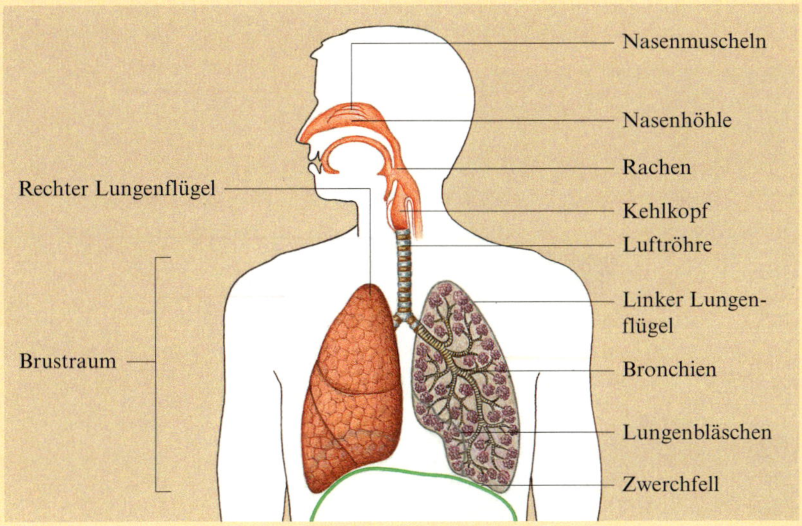

1 Atmungsorgane des Menschen

2 Regelmäßiges Lüften

Lässt sich die Qualität von Raumluft verbessern? Eine Verbesserung der Luftqualität tritt bereits ein, wenn Räume regelmäßig gelüftet werden und Luftbefeuchter für eine ausreichende Feuchtigkeit der Luft sorgen. Sind Schadstoffe die Ursache für schlechte Luft, müssen die Verursacher aufgespürt und die Ursache möglichst beseitigt werden. Zimmer, in denen neuer Teppichboden verlegt wurde, in denen Türen oder Fenster frisch gestrichen wurden, oder Zimmer mit neuen Möbeln sollte man besonders intensiv und lange lüften.

In großen Gebäuden wird oft eine Klimaanlage eingesetzt, um eine gute Luftqualität in allen Räumen und auf den Fluren zu gewährleisten. Auch in modernen Zügen sorgt eine Klimaanlage für gute Luft. Fenster müssen dann immer geschlossen bleiben. Durch die Anlage wird Außenluft angesaugt, über Filter von Schwebstoffen gereinigt, auf die erforderliche Raumtemperatur erwärmt oder gekühlt, angefeuchtet oder getrocknet. Es ist eine ständige Wartung der Anlage erforderlich, da nicht exakt arbeitende Klimaanlagen sogar die Luftqualität mindern können. Viele Menschen vertragen die Luft in klimatisierten Räumen nicht.

3 Disco mit „dicker" Luft

AUFGABEN

1. Wie viel Luft benötigt ein Mensch täglich zum Atmen? Plane ein Experiment, um diese Luftmenge zu bestimmen.
2. Untersuche die Luft verschiedener Räume (z. B. Klassenraum, Wohnzimmer, Schlafraum, Keller) über einen längeren Zeitraum sowie zu verschiedenen Tageszeiten. Beschreibe die Qualität der Luft nach dem angegebenen Muster (Tabelle).
3. Informiere dich im Gesundheits- oder Umweltamt, beim TÜV oder in der Verbraucherzentrale über Raumluft und Schadstoffe.
4. Welche Schadstoffe gelangen beim aktiven oder passiven Rauchen in deinen Körper und was können sie bewirken?
5. Sauge mithilfe eines Staubsaugers Luft durch ein weißes Papierfilter und betrachte einen Ausschnitt davon unter dem Mikroskop.
   Zeichne das unter dem Mikroskop Erkennbare. Vergleiche deine Zeichnung mit mikroskopischen Abbildungen von Hausstaub, Blütenpollen und Ruß.
6. Luftfilter werden in Autos (Pollenfilter), in Staubsaugern, in Atemschutzmasken verwendet. Was bewirken diese Filter? Informiere dich über Bau und Funktionsweise solcher Filter.
7. Erkunde Aufbau und Arbeitsweise einer Klimaanlage. Welche Vor- und Nachteile haben Klimaanlagen?

Moleküle

Bei der Fahrt eines Zuges wird die Luft leicht verdrängt, die stählernen Schienen werden dagegen trotz der großen Masse des Zuges nicht verformt. Der unterschiedliche Widerstand, den die Luft oder das Metall dem Zug entgegenbringen, liegt in der Art der Teilchenanordnung. Den Metallen gibt der Aufbau aus riesigen Teilchenverbänden aus Metallatomen die Festigkeit. Gase dagegen nehmen den ganzen ihnen zur Verfügung stehenden Raum ein. Wie sind diese Stoffe aufgebaut?

Bau von Sauerstoff und Stickstoff. Durch Experimente wurde ermittelt, dass Sauerstoff und Stickstoff aus frei beweglichen Teilchen bestehen. Immer zwei Sauerstoffatome bzw. zwei Stickstoffatome sind dabei fest miteinander verbunden. Teilchen, in denen zwei oder mehr Atome fest miteinander verbunden sind, werden **Moleküle** genannt. Sauerstoff und Stickstoff zählen deshalb zu den **Molekülsubstanzen**. Wie wir uns die Atome bisher als Kugeln vorgestellt haben, können wir uns ein Sauerstoffmolekül oder ein Stickstoffmolekül als „aneinander klebende" Kugeln vorstellen. Zwischen den Sauerstoffatomen in einem Sauerstoffmolekül bzw. den Stickstoffatomen in einem Stickstoffmolekül gibt es starke Anziehungskräfte. Zwischen den Molekülen bestehen dagegen oft nur sehr geringe Anziehungskräfte. Deshalb sind manche dieser Stoffe, z. B. Sauerstoff und Stickstoff, bei Raumtemperatur Gase.

Moleküle sind Teilchen, die aus zwei oder mehr fest miteinander verbundenen Atomen zusammengesetzt sind.

Ozon – ein besonderer Sauerstoff. Immer wieder hört oder liest man von Ozon, einem Stoff, der einerseits wichtig und andererseits schädlich für das Leben auf der Erde ist. Ozon ist eine besondere Form von Sauerstoff. Es besteht wie der Luftsauerstoff aus Molekülen. Jedes Ozonmolekül ist aber nicht aus zwei, sondern aus drei Sauerstoffatomen aufgebaut.
Ozon hält in der Ozonschicht der Atmosphäre, etwa 20 bis 40 km oberhalb der Erdoberfläche, schädliche UV-Strahlen des Sonnenlichts zurück. Bodennahes Ozon dagegen ist giftig. Es führt zu Herz- und Kreislaufproblemen und Erkrankungen der Atmungsorgane.

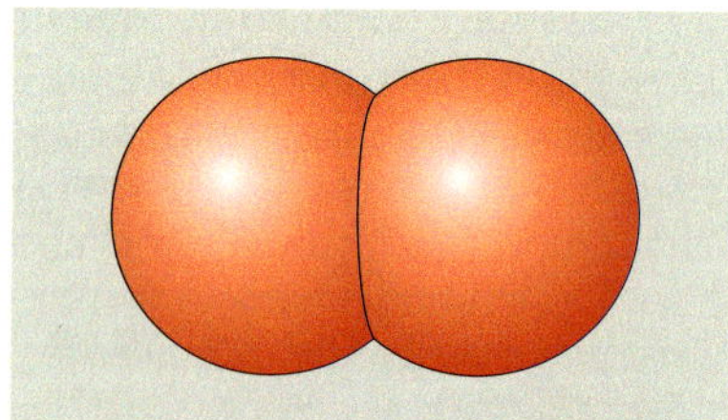

1 Modell eines Sauerstoffmoleküls

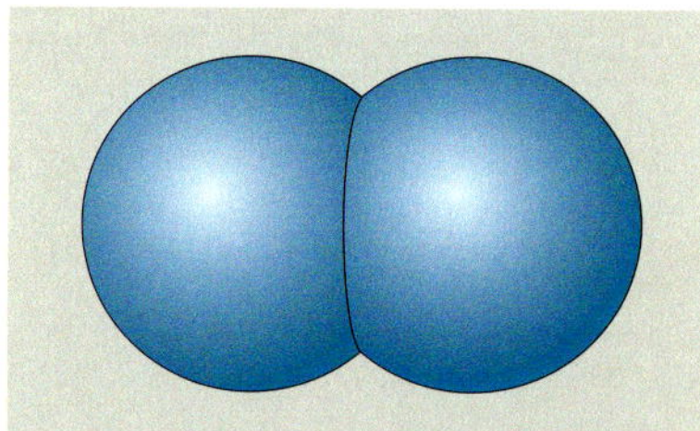

2 Modell eines Stickstoffmoleküls

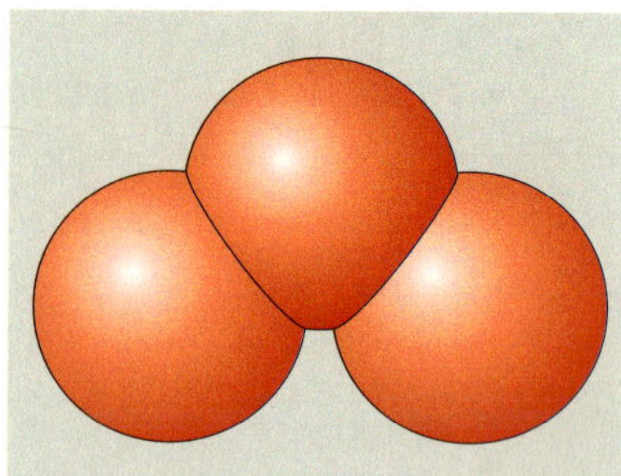

3 Modell eines Ozonmoleküls

Bau von Kohlenstoffoxid und von Schwefeldioxid. Kohlenstoffdioxid gehört ebenfalls zu den Molekülsubstanzen. In einem Molekül Kohlenstoffdioxid ist ein Atom Kohlenstoff mit zwei Atomen Sauerstoff durch starke Anziehungskräfte miteinander verbunden.

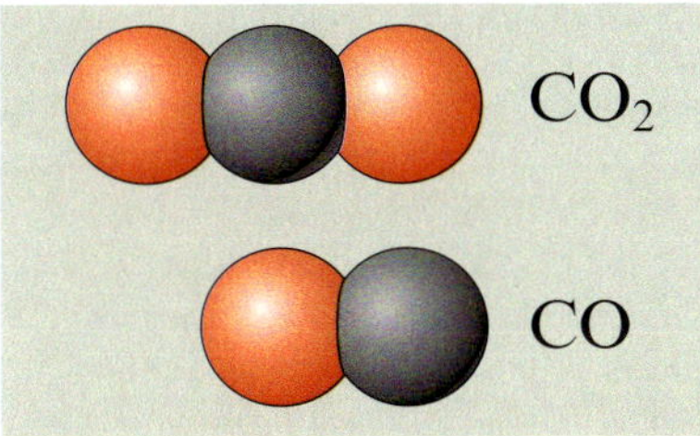

1 Modell und Formel eines Kohlenstoffdioxidmoleküls (oben) und eines Kohlenstoffmonooxidmoleküls (unten)

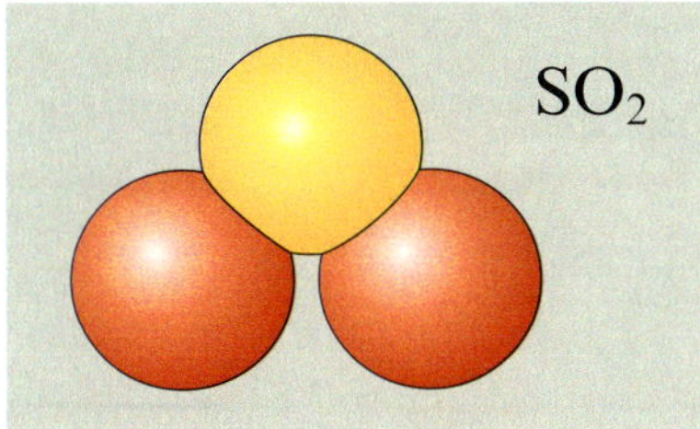

2 Modell und Formel eines Schwefeldioxidmoleküls

3 Druckflaschen für Kohlenstoffdioxid (grau)

Bei der Verbrennung von Kohlenstoff mit Luft entsteht nicht nur Kohlenstoffdioxid. Besonders bei Sauerstoffmangel läuft die Verbrennung unvollständig zu dem giftigen **Kohlenstoffmonooxid**. Kohlenstoffmonooxid besteht im Gegensatz zu Kohlenstoffdioxid nur aus einem Kohlenstoff- und einem Sauerstoffatom.
Schwefeldioxid gehört ebenfalls zu den Molekülsubstanzen. In einem Molekül Schwefeldioxid ist ein Atom Schwefel durch starke Anziehungskräfte mit zwei Atomen Sauerstoff verbunden.

Formeln als chemische Zeichen. Ein Element wird durch sein Symbol gekennzeichnet. So steht z.B. das Symbol O für Sauerstoff (lat. oxygenium). Auch für Moleküle und Stoffe, die aus Molekülen bestehen, gibt es chemische Zeichen. Besteht das Molekül aus Atomen eines Elements, wird das Symbol angegeben. Die Anzahl der zu einem Molekül vereinigten Atome wird als tiefgestellte Zahl nach dem Symbol geschrieben, z.B. O_2. Besteht das Molekül aus Atomen verschiedener Elemente, werden deren Symbole angegeben und die Anzahl der einzelnen Atome ebenfalls hinter dem jeweiligen Symbol tiefgestellt, z.B. CO_2. Solch ein aus Symbolen und Zahlen zusammengesetztes chemisches Zeichen wird **Formel** genannt.
Aus chemischen Formeln lassen sich verschiedene Aussagen ableiten. Die Formel steht für den Stoff, für ein Molekül des Stoffes und für die Zusammensetzung des Moleküls aus Atomen.

Aussagen aus der Formel eines Nichtmetalloxids			
Die Formel kennzeichnet	den Stoff,	ein Molekül des Stoffes,	die Zusammensetzung des Moleküls und das Zahlenverhältnis der Atome im Molekül.
CO_2	Kohlenstoffdioxid	ein Molekül Kohlenstoffdioxid	Zahlenverhältnis von Kohlenstoffatomen zu Sauerstoffatomen = 1 : 2

Für einen aus Molekülen aufgebauten Stoff kennzeichnet die chemische Formel den Stoff, ein Molekül des Stoffes und dessen Zusammensetzung.

AUFGABEN

1. Vergleiche den Bau der Moleküle von Sauerstoff, Stickstoff, Kohlenstoffmonooxid, Kohlenstoffdioxid und Schwefeldioxid.
2. Begründe, dass beim Verbrennen eines Streichholzes Nichtmetalloxide entstehen. Überlege, welche Oxide das sein könnten.
3. Leite aus den Formeln Aussagen über die Stoffe, über die Zusammensetzung der Moleküle und über das Zahlenverhältnis der Atome in den Molekülen ab.
a) SO_3,
b) NO_2,
c) P_2O_5.

Chemische Reaktion und Reaktionsgleichung

1 Modernes Verkehrsflugzeug Airbus A 330-300

Stoff- und Teilchenumsatz bei chemischen Reaktionen. Beim Flug eines Verkehrsflugzeugs reagieren Kerosin und Sauerstoff miteinander, um die nötige Triebkraft zu erzeugen. Dabei reagiert der im Treibstoff gebundene Kohlenstoff mit dem Sauerstoff der Luft zu Kohlenstoffdioxid.

Kohlenstoff + Sauerstoff ⟶ Kohlenstoffdioxid

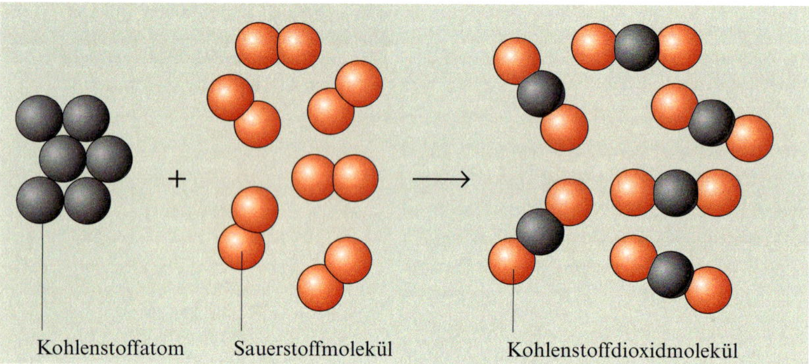

2 Teilchenmodell für die Reaktion von Kohlenstoff mit Sauerstoff

Bei dieser Reaktion ordnen sich die Teilchen der Ausgangsstoffe Kohlenstoff und Sauerstoff um und verändern sich. Es bilden sich die Teilchen des Reaktionsprodukts Kohlenstoffdioxid. Mithilfe des Teilchenmodells lässt sich der kleinstmögliche Teilchenumsatz für diese Reaktion erkennen.

Die Reaktionsgleichung. Die Stoffe und die Teilchen eines Stoffes können durch Formeln und Symbole gekennzeichnet werden. C ist das Symbol für Kohlenstoff; O_2 und CO_2 sind die Formeln für Sauerstoff und Kohlenstoffdioxid.
Die kleinstmögliche Teilchenanzahl der miteinander reagierenden Stoffe wird als Faktor vor die jeweilige Formel oder das jeweilige Symbol geschrieben. Ist die Teilchenanzahl 1, wird sie weggelassen.

$$C + O_2 \longrightarrow CO_2$$

Diese Darstellung einer chemischen Reaktion wird als Reaktionsgleichung bezeichnet. Sie gibt an, welche und wie viele Teilchen der Ausgangsstoffe bei einer chemischen Reaktion miteinander reagieren und welche und wie viele Teilchen der Reaktionsprodukte dabei entstehen.

Schon gewusst?

Kohlenstoffdioxid lässt sich bei hohem Druck verflüssigen. Mithilfe von flüssigem Kohlenstoffdioxid lassen sich Fette und Öle aus Nahrungsmitteln extrahieren (lat. extrahere – herausziehen). Aus frittierten Nahrungsmitteln, z. B. Kartoffelchips, lässt sich auf diese Weise fast die Hälfte des Fettes entziehen. Herkömmliche Kartoffelchips haben einen Fettgehalt von etwa 40 %. Die mit flüssigem Kohlenstoffdioxid behandelten „Diätchips" enthalten nur noch etwa 25 % Fett.

Von der chemischen Reaktion zur Reaktionsgleichung

Chemische Reaktion:
Verbrennen von Kohlenstoff

Stoffliche Deutung:
Kohlenstoff und Sauerstoff reagieren zu Kohlenstoffdioxid.

Teilchenmäßige Deutung:
Je ein Atom Kohlenstoff und ein Molekül Sauerstoff reagieren zu einem Molekül Kohlenstoffdioxid.

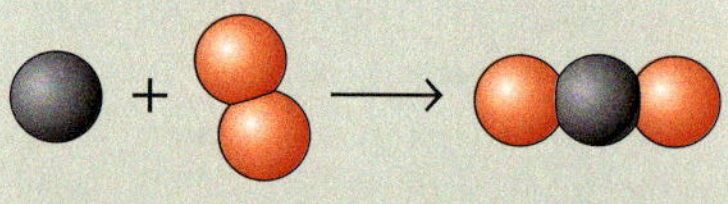

Bilanz der Teilchen der Elemente:
Die Anzahl der Kohlenstoffatome im Ausgangsstoff Kohlenstoff ist gleich der Anzahl der Kohlenstoffatome im Reaktionsprodukt Kohlenstoffdioxid. Die Anzahl der Sauerstoffatome im Ausgangsstoff Sauerstoff ist gleich der Anzahl der Sauerstoffatome im Reaktionsprodukt Kohlenstoffdioxid.

Reaktionsgleichung:
$$C + O_2 \longrightarrow CO_2$$

Reaktionsgleichung		2 C	+ O_2	$\longrightarrow$ 2 CO
Wortgleichungen in der Landessprache	deutsch	Kohlenstoff	+ Sauerstoff	$\longrightarrow$ Kohlenstoffmonooxid
	englisch	carbon	+ oxygen	$\longrightarrow$ carbon monoxide
	russisch	углерод	+ кислород	$\longrightarrow$ моноксид углерода

Schon gewusst?

In die Luft gelangen auch beachtliche Mengen Kohlenstoffmonooxid. Das Gas entsteht durch bakterielle Vorgänge im Erdboden und im Meer. Industrielle Kohlenstoffmonooxidbelastungen stammen aus der unvollständigen Verbrennung fossiler Brennstoffe sowie aus Abgasen von Kraftfahrzeugen mit Verbrennungsmotoren.

Aus einer Reaktionsgleichung sind nicht die Eigenschaften der reagierenden Stoffe und nicht die für die Reaktion erforderlichen Bedingungen ableitbar. Reaktionsgleichungen sind im Unterschied zu Wortgleichungen international verständlich und deshalb ein wichtiges Arbeits- und Verständigungsmittel in der Naturwissenschaft Chemie.

Eine Reaktionsgleichung beschreibt eine chemische Reaktion mithilfe chemischer Zeichen. Sie kennzeichnet die an einer chemischen Reaktion beteiligten Stoffe, die Teilchen der Stoffe und das Zahlenverhältnis, in dem die Teilchen reagieren.

Entwickeln von Reaktionsgleichungen. Beim Entwickeln von Reaktionsgleichungen hat es sich bewährt, nach einer bestimmten Schrittfolge vorzugehen.

Schrittfolge beim Entwickeln einer Reaktionsgleichung

1. Formulieren der Wortgleichung	Kohlenstoff +	Sauerstoff	$\longrightarrow$	Kohlenstoffmonooxid
2. Einsetzen der chemischen Zeichen	C	O_2		CO
3. Ermitteln der Faktoren	2 C	1 O_2		2 CO
4. Überprüfen der Anzahl der Teilchen jedes Elements in den Ausgangsstoffen und Reaktionsprodukten	Ausgangsstoffe			Reaktionsprodukte
	Kohlenstoff:	$2 \cdot 1$	=	$2 \cdot 1$
	Sauerstoff:	$1 \cdot 2$	=	$2 \cdot 1$
5. Reaktionsgleichung	2 C	+ O_2	$\longrightarrow$	2 CO

Regeln für das Ermitteln der Faktoren in Reaktionsgleichungen

- Die Anzahl der Teilchen eines Elements muss bei den Ausgangsstoffen und den Reaktionsprodukten gleich sein.
- Ist das nicht der Fall, müssen entsprechende Faktoren vor die jeweiligen chemischen Zeichen der Stoffe geschrieben werden.
- Die chemischen Zeichen (Symbole, Formeln) der Stoffe dürfen dabei nicht verändert werden.

AUFGABEN

1. Deute die folgenden Reaktionsgleichungen stofflich und teilchenmäßig.
   a) $S + O_2 \longrightarrow SO_2$
   b) $N_2 + 2\,O_2 \longrightarrow 2\,NO_2$
   c) $2\,C + O_2 \longrightarrow 2\,CO$
2. Ermittle die fehlenden Faktoren und kontrolliere die Übereinstimmung der Teilchenanzahlen der einzelnen Elemente.
   a) $4\,P + ...\,O_2 \longrightarrow ...\,P_2O_5$
   b) $...\,N_2 + ...\,O_2 \longrightarrow ...\,N_2O_5$
3. Bei einer chemischen Reaktion entstehen aus einer Million Schwefelatomen und einer Million Sauerstoffmolekülen eine Million Schwefeldioxidmoleküle.
   a) Prüfe die Richtigkeit dieser Aussage.
   b) Stelle für diese Reaktion den kleinstmöglichen Teilchenumsatz dar.
   c) Entwickle für diese chemische Reaktion die Wort- und Reaktionsgleichung.
   d) Beschreibe den Bau eines Schwefeldioxidmoleküls und zeichne ein Modell dieses Moleküls.

Das Gesetz von der Erhaltung der Masse

Erhitzen von Eisenwolle. Beim Erhitzen von Eisenwolle findet eine Reaktion von Eisen und Sauerstoff zu Eisenoxid statt. Durch Wiegen kann die Masse der Eisenwolle vor dem Erhitzen ermittelt werden. Welche Masse hat die Eisenwolle nach dem Erhitzen?

EXPERIMENT 4 [S]
Erhitze Eisenwolle an der Luft.
Vorsicht! Schutzbrille! Wiege mit einer Analysenwaage auf einem Uhrglas etwa 1 g Eisenwolle genau ab. Halte die Eisenwolle mit einer Tiegelzange in eine Brennerflamme und erhitze sie bis zum starken Glühen. Lege die Wolle nach dem Erkalten auf das Uhrglas und wiege erneut. Vergleiche die Masse der Eisenwolle vor und nach dem Erhitzen.
Entsorgung: Eisenwolle einsammeln und wieder verwenden.

Beim Wiegen der Eisenwolle vor und nach dem Erhitzen ist ein Massenunterschied feststellbar. Die Masse des Reaktionsproduktes ist größer als die Masse der Eisenwolle vor dem Erhitzen. Kann bei einer chemischen Reaktion die Masse der Reaktionsprodukte größer als die Masse der Ausgangsstoffe sein? Um die Frage zu beantworten muss geprüft werden, ob auch die Massen aller Ausgangsstoffe und aller Reaktionsprodukte erfasst wurden. Bei dem Experiment reagieren Eisen und Sauerstoff zum Reaktionsprodukt Eisenoxid. Gewogen wurden aber nur Eisen und Eisenoxid, die Masse des an der Reaktion beteiligten zweiten Ausgangsstoffes, des Sauerstoffs, wurde nicht ermittelt. Die Aussage, die Masse der Reaktionsprodukte ist größer als die Masse der Ausgangsstoffe, ist offensichtlich falsch, weil nur die Masse eines Ausgangsstoffes ermittelt wurde.

EXPERIMENT 5 [S]
Erhitze Eisenwolle in einem verschlossenen Reagenzglas.
Gib blanke Eisenwolle in ein Reagenzglas, sodass das Glas etwa zu 1 cm dicht gefüllt ist. Verschließe das Glas mit einem Luftballon und wiege es auf einer Analysenwaage. Erhitze das Reagenzglas so stark, dass eine Reaktion zwischen Eisen und Sauerstoff stattfindet. Wiege das Glas nach dem Erkalten erneut. Vergleiche die Massen miteinander.
Entsorgung: Reste in Sammelbehälter für Hausmüll.

Schon gewusst?

Der russische Chemiker MICHAIL WASSILJEWITSCH LOMONOSSOW und der französische Chemiker ANTOINE LAURENT LAVOISIER führten unabhängig voneinander Experimente zum Verbrennen von Metallen durch. Sie erhitzten u. a. Blei in einem verschlossenen Gefäß und ermittelten die Masse vor und nach dem Erhitzen. LOMONOSSOW erkannte, dass die Masse vor und nach der Reaktion gleich war. Eine Erklärung dieser Gesetzmäßigkeit gelang ihm noch nicht. Erst als LAVOISIER viele weitere Versuche zu Verbrennungsvorgängen auswertete, fand er die richtige Erklärung.

1 MICHAIL WASSILJEWITSCH LOMONOSSOW (1711 bis 1765) studierte in St. Petersburg, Marburg und Freiberg.

EXPERIMENT 6 [S]

Verbrenne Zündholzkuppen in einem verschlossenen Reagenzglas.

Vorsicht! Schutzbrille! Gib 6 Zündholzkuppen in ein Reagenzglas. Verschließe das Reagenzglas mit einem Luftballon und wiege es auf einer Analysenwaage. Erhitze das Reagenzglas so stark, dass sich die Zündholzkuppen entzünden. Wiege das Reagenzglas nach dem Erkalten erneut. Vergleiche die Massen vor und nach dem Verbrennen der Zündholzkuppen.

Entsorgung: Reste in Sammelbehälter für Hausmüll.

1 Antoine Laurent Lavoisier (1743 bis 1794) gelang die wissenschaftliche Erklärung der Verbrennungsvorgänge.

Chemische Reaktionen in einem geschlossenen Gefäß. Sollen die Massen der Ausgangsstoffe und die Massen der Reaktionsprodukte miteinander verglichen werden, ist es erforderlich, in einer geschlossenen Experimentieranordnung zu arbeiten, damit alle Ausgangsstoffe und alle Reaktionsprodukte erfasst werden können. Dazu können Eisen und Sauerstoff oder Schwefel und Phosphor einer Zündholzkuppe und Sauerstoff in geschlossenen Reagenzgläsern zur Reaktion gebracht werden.

Im Ergebnis der Experimente wird ermittelt, dass die Massen der Stoffe vor und nach der chemischen Reaktion gleich groß sind.

m(Eisen) + m(Sauerstoff) = m(Eisenoxid)
m(Schwefel) + m(Sauerstoff) = m(Schwefeldioxid)
m(Phosphor) + m(Sauerstoff) = m(Phosphoroxid)

Massen der Reaktionspartner bei chemischen Reaktionen. Die Ergebnisse der in geschlossenen Gefäßen durchgeführten Experimente geben Hinweise auf eine Gesetzmäßigkeit, die für alle chemischen Reaktionen gültig ist. Diese Gesetzmäßigkeit ist ein wichtiges Grundgesetz der Chemie und wird als **Gesetz von der Erhaltung der Masse** bezeichnet. Dieses Gesetz besagt, dass bei chemischen Reaktionen die Masse der Ausgangsstoffe gleich der Masse der Reaktionsprodukte ist. Chemische Reaktionen sind also nie von Massezunahmen oder Masseverlusten begleitet. Bei chemischen Reaktionen können keine Stoffe aus dem „Nichts" entstehen bzw. spurlos verschwinden.

Das Gesetz von der Erhaltung der Masse besagt: Bei chemischen Reaktionen ist die Masse der Ausgangsstoffe gleich der Masse der Reaktionsprodukte.

Teilchen der Stoffe bei chemischen Reaktionen. Bei chemischen Reaktionen werden Teilchen der Ausgangsstoffe in Teilchen der Reaktionsprodukte umgewandelt. Was aber geschieht mit der Anzahl der in den Stoffen gebundenen Teilchen?

Die Masse der Stoffe ergibt sich aus der Masse aller in den Stoffen gebundenen Teilchen. Nach dem Gesetz von der Erhaltung der Masse folgt daraus, dass die Anzahl der gebundenen Teilchen jedes Elementes bei chemischen Reaktionen unverändert bleibt.

Bei chemischen Reaktionen bleibt die Anzahl der gebundenen Teilchen der in den Ausgangsstoffen und Reaktionsprodukten enthaltenen Elemente gleich.

AUFGABEN

1. Beim Verbrennen eines Zündholzes oder einer Kerze wird jeweils eine Massenabnahme ermittelt.
   Wenn ein Eisenwerkzeug längere Zeit an feuchter Luft liegt, hat die Masse zugenommen.
   Erkläre die festgestellten Sachverhalte. Weise nach, dass auch bei diesen Vorgängen das Gesetz von der Erhaltung der Masse gilt.
2. Müll kann auf verschiedene Weise beseitigt werden. Eine Möglichkeit ist die Beseitigung in Müllverbrennungsanlagen. Überlege, ob es in Müllverbrennungsanlagen zu einer Abnahme der Massen der Stoffe kommt.
3. Wenn 5 Millionen Kohlenstoffatome mit 5 Millionen Sauerstoffmolekülen reagieren, entstehen 5 Millionen Kohlenstoffdioxidmoleküle.
   Stimmt diese Aussage? Begründe.

Unser **Thema**

Brände und Brandbekämpfung

1 Feuerspritze um 1800

Feuer – Schönheit und Gefahr. Am Feuer zu sitzen – ob an einem Lagerfeuer, einem Sonnenwendfeuer, einem Kartoffelfeuer oder vor einem offenen Kamin oder vielen brennenden Kerzen – übt eine kaum erklärbare Faszination und eine eigene Romantik auf uns Menschen aus.
Als der Mensch sich das Feuer nutzbar machte, war dies der größte Fortschritt in seiner Geschichte. Aber das Feuer war und ist eine große Gefahr für Leib und Leben und die materiellen Güter des Menschen.

2 Feuerwehr 1935

3 Feuerwehr 1956

Aus der Geschichte der Brandbekämpfung. Die erste Feuerwehr wurde im Jahr 24. v. Chr. nach einem verheerenden Brand in Rom aufgestellt. Sie hatte Wasserträger, Handspritzen und Löschdecken. Mit dem Untergang des Römischen Reiches ging auch das Wissen über die Brandbekämpfung verloren. Erst 1666 nach einem Großbrand in London wurde in Europa wieder eine Feuerwehr ins Leben gerufen. In Deutschland wurden Mitte des 19. Jahrhunderts die ersten freiwilligen Feuerwehren gegründet, die erste Berufsfeuerwehr 1851 in Berlin.

Feuerwehrtechnik. Zum Löschen dienten mit Wasser gefüllte Eimer, Wannen und Schöpfgefäße. Leitern ermöglichten, näher an den Brand zu gelangen. Mit Äxten, Haken und Seilen wurden zum Schaffen einer Feuerschneise brennende Häuser niedergerissen und brennbare Materialien weggezogen.

Vor der Motorisierung zogen Pferde Tank-, Pumpen- und Leiterfahrzeuge zum Brandort. Vereinzelt gab es auch schon selbstfahrende Dampfmaschinen, die ihren Fahr- auf Pumpenantrieb umschalten konnten. Sie wurden aber bald von motorbetriebenen Feuerwehrfahrzeugen abgelöst, die ihre Motorkraft auch zum Betreiben der Wasserpumpen einsetzen konnten. Mit dieser Motorkraft war es dann auch möglich, ausfahrbare Drehleitern einzusetzen. Unter anderem hatte 1888 Gottlieb Daimler ein Patent für eine „Feuerspritze mit Motorbetrieb“ erhalten.

1 Feuerwehr 1975

2 Feuerwehr 2002

Übrigens

1359 wurde die sächsische Stadt Zittau zu drei viertel durch einen Großbrand vernichtet. Daraufhin ordnete Kaiser Karl IV. an, beim Hausbau künftig Steine anstatt Holz zu verwenden. Bereits 1666 wurde eine erste Feuerspritze angeschafft und 1697 eine vorbildliche Feuerverordnung erlassen. 1707 ergriff die Stadt Maßnahmen des vorbeugenden Brandschutzes. 1827 gab es eine neue Feuerverordnung, in ihr war die Errichtung erster Spritzenhäuser bestimmt. An Technik zur Brandbekämpfung wurden bereitgehalten: 40 Sturmfässer, 342 Eimer, 108 Schöpfgefäße, 35 Wasserzuber, 52 Leitern und Wasserwannen.
Am 19. Juli 1862 gründete der Zittauer Turnverein eine Turnerfeuerwehr. 44 Kameraden stark war diese erste Feuerwehr Zittaus. Erster Kommandant war Heinrich Buddeberg.

Im Jahr 2002 gab es bei der Feuerwehr in Zittau 87 Brandeinsätze, davon elf bei Großbränden, 632 Einsätze für verschiedenste Hilfeleistungen und 129 Fehlalarmierungen.

AUFTRÄGE

1. In öffentlichen Gebäuden wie Kaufhäusern, Kinos oder Theatern sind häufig Sprinkleranlagen eingebaut. Informiere dich über die Arbeitsweise solcher Anlagen und beschreibe deren Wirkungsweise.
2. Erkunde die Geschichte der Feuerwehr deines Ortes und fertige darüber eine Posterausstellung an. Gib auf einer Übersicht alle Einsätze der Feuerwehr im vergangenen Jahr an.
3. Informiere dich, welche Angaben bei einer Brandmeldung unbedingt erforderlich sind.
4. Plane einen Besuch bei der Feuerwehr deines Heimatortes. Bereite den Besuch mit der Vorbereitung verschiedener Fragen an die verschiedenen Experten der Feuerwehr vor. Fertige in Auswertung des Besuches eine Übersicht über die Einsätze der Ortsfeuerwehr an: Brandeinsätze, Hilfeleistungen für Menschen, Tiere und bei technischen Notfällen, sonstige Einsätze, Fehlalarmierungen.
5. Analysiere, welche Auswirkungen Fehlalarme haben können.

Wie ein Feuer entsteht. Einen Brand erkennt man an starker Rauchentwicklung, an vorhandener Glut und vor allem an helllodernden Flammen, die bei Schwelbränden nicht auftreten. Der Brand der Herzogin-Anna-Amalia-Bibliothek in Weimar im Herbst 2004 wurde wegen solch eines Schwelbrandes erst zu spät erkannt, was zur fast vollständigen Vernichtung dieses Weltkulturerbes führte.

Voraussetzung für das Entstehen eines Feuers sind

Ein brennbarer Stoff (möglichst mit feiner Verteilung, hoher Zerteilungsgrad)

Entzündungstemperatur

Luft mit einem Sauerstoffanteil von $\varphi \geq 15\,\%$

Löschen eines Feuers. Ein Feuer erlischt, wenn mindestens eine Voraussetzung für sein Entstehen nicht mehr erfüllt ist. Das wird erreicht durch:

- Entfernen aller brennbaren Stoffe aus der Nähe des Feuers. Bei einem Waldbrand wird dies durch Schlagen von Schneisen oder Anlegen von Sandstreifen erreicht.
- Unterbinden des Zutritts von Sauerstoff. Bei kleineren Bränden erfolgt dies durch Sand oder eine Decke, bei Bränden von Holz, Textilien, Kohle, Papier und Gummiartikeln kann durch Wasser eine Sauerstoffzufuhr unterdrückt werden, weil der durch das Verdampfen von Wasser entstehende Wasserdampf eine Schutzhülle um den brennenden Stoff bildet. Brennen Öl, Benzin oder elektrische Geräte, ist das Löschen mit Wasser lebensgefährlich. Hier werden spezielle Feuerlöscher eingesetzt.
- Abkühlen des brennbaren Stoffes unter seine Entzündungstemperatur durch Einsatz von Wasser oder Feuerlöschern.

Übrigens

Entzündungstemperaturen brennbarer Stoffe	in °C
Zündholzkuppe	80
Benzin	180–220
trockenes Holz	220–350
Papier	250–450
Heizöl	300–350
Spiritus	425
Erdgas	600–650
Steinkohle	600–850

EXPERIMENT 1 [S]

Erkunde, welche Stoffe brennbar sind.
Halte mit einer Tiegelzange kleine Proben verschiedener selbst ausgewählter Stoffe unter dem Abzug in die Brennerflamme. Beobachte, welche Stoffe brennen. Stelle fest, wie lange erhitzt werden muss, bis die Stoffe brennen. Fertige darüber eine Übersicht an.
Entsorgung: Reste in Sammelbehälter für Hausmüll.

EXPERIMENT 2 [S]

Ermittle Voraussetzungen für das Entzünden einer Flamme.
Versuche jeweils ein Stück Papier, dicke Pappe, Holz und flüssiges Kerzenwachs mit einem Zündholz zu entzünden. Wiederhole den Versuch, indem du eine Brennerflamme statt des Zündholzes verwendest. Erhitze Holzspäne in einem offenen Reagenzglas. Halte nach einiger Zeit einen brennenden Holzstab über die Öffnung des Reagenzglases. Entzünde eine Kerze mit einem Zündholz. Beobachte dabei den Docht. Lösche die Kerze durch Auspusten und führe sofort wieder ein brennendes Zündholz in die Nähe des Dochtes. Leite aus den Ergebnissen der Experimente ab, welche Voraussetzungen für das Entzünden einer Flamme und damit für das Entstehen eines Brandes gegeben sein müssen.
Entsorgung: Reste in Sammelbehälter für Hausmüll.

EXPERIMENT 3 [S]

Untersuche das Entzünden von Holz.
Lege ein Drahtnetz auf einen Dreifuß. Verteile Holzwolle, Holzspäne und Holzstückchen unterschiedlicher Größe jeweils im Abstand von 3 cm zur Drahtnetzmitte. Stelle einen Brenner mit kleiner Flamme unter die Mitte des Drahtnetzes. Beobachte und stelle die Reihenfolge des Entzündens fest. Finde eine Erklärung für die festgestellte Reihenfolge.
Entsorgung: Reste in Sammelbehälter für Hausmüll.

EXPERIMENT 4 [S]

Untersuche das Verhalten von Eisen beim Erhitzen.
Vorsicht! Schutzbrille! Halte mit einer Tiegelzange ein Stück Eisenblech etwa 1 Minute in eine Brennerflamme. Halte anschließend etwas Eisenwolle ebenfalls in eine Brennerflamme. Puste mit einem 50 cm langen Glasrohr Eisenpulver in eine Brennerflamme. Beobachte und begründe das unterschiedliche Verhalten der Eisenproben.
Entsorgung: Reste in Sammelbehälter für Hausmüll.

AUFTRÄGE

1. Aufgrund unterschiedlicher Eigenschaften brennbarer Stoffe werden Brände in vier verschiedene Klassen eingeteilt. Informiere dich im Internet über die Brandklassen und fertige eine Übersicht darüber mit Beispielen an.
2. Erkunde in deiner Schule und vor allem im Chemieraum, welche Brandschutzmittel vorhanden sind und worauf ihre Löschwirkungen bei möglichen Bränden beruhen.
3. Flüssige Stoffe werden nach Flammtemperaturen in Gruppen unterschiedlicher Feuergefährlichkeit eingeteilt. Erkunde die Einteilung der Gruppen und ihre Kennzeichnung im Internet. Fertige eine Übersicht an und erkunde für jede Gruppe Beispiele.

1 Kochstelle

2 Abbrennen von Gas auf einer Ölförderplattform

Löschen eines Brandes mit Feuerlöschern. Zum Löschen unterschiedlicher Brände gibt es eine Vielzahl verschiedener Feuerlöscher.

Wasserlöscher bzw. **Nasslöscher** dienen zum Löschen von Feststoffbränden der Brandklasse A, z. B. Papier, Textilien, Holz und Kohle. Der Löscher enthält eine Treibgasflasche mit Druckluft oder Stickstoff, damit wird ein starker Sprühstrahl erzeugt.

Pulverlöscher bzw. **Trockenlöscher** lassen sich je nach Art des Pulvers bei Bränden aller Arten einsetzen. Durch ein Treibgas wird das Löschpulver als eine Wolke über die brennenden Stoffe geblasen. Die Sauerstoffzufuhr wird schlagartig abgebrochen und das Feuer verlischt. Da Pulver nicht abkühlend wirken, könnte das Feuer erneut aufflammen, was durch kurze Pulverstöße unterbunden werden kann. Pulverlöscher verunreinigen die Brandstelle sehr stark und können kurzzeitig die Sicht von Personen unterbinden.

Kohlendioxidschneelöscher enthalten flüssiges Kohlenstoffdioxid. Sie werden hauptsächlich für Brände von Flüssigkeiten und Gasen eingesetzt. Wird das Löscherventil geöffnet, entweicht es und kühlt sich schlagartig zu einem Schnee von minus 78 °C ab. Dadurch wird die Sauerstoffzufuhr unterbunden und die brennenden Stoffe unter die Entzündungstemperatur abgekühlt. Da sich Kohlenstoffdioxid vollständig verflüchtigt, wird dieser Löscher für Brände in Lebensmittellagern oder bei Bränden teurer technischer Geräte eingesetzt.

Schaumlöscher enthalten verschiedene Arten von Schaum. Dieser zähe Schaum überzieht den Brandherd und lässt keinen Sauerstoff an die brennenden Stoffe. Der entstehende Schaumteppich verhindert über 15 Minuten das Wiederaufflammen des Feuers. Schaumlöscher werden bevorzugt bei Kraftstoff-, Öl- und Fettbränden eingesetzt. Bei Notlandungen von Flugzeugen wird zur Vorbeugung von Bränden durch Funken vorsorglich ein Schaumteppich gelegt.

1 Brennendes Fett in einer Bratpfanne

2 Brennendes technisches Gerät

1 Sicherungsstift
2 Druckhebel
3 Ventilspindel
4 Steigrohr
5 Schlauchleitung
6 Schneerohr

3 Kohlenstoffdioxidlöscher

Verhalten bei einem Brand. Kommt es im Haushalt oder in der Schule zu einem Brand, sind einige wichtige Verhaltensweisen zu beachten. Kann man den Brand selbst löschen, sind in Abhängigkeit von den brennenden Stoffen Wasser, Sand, Feuerlöschdecken oder Feuerlöscher einzusetzen. Brennbare Gegenstände sollten wenn möglich aus dem Gefahrenbereich entfernt werden. Personen haben sich aus der direkten Gefahrenzone zu entfernen. Es ist Ruhe zu bewahren. Strom- und Gasversorgung sind abzuschalten, vorhandene Fahrstühle dürfen auf keinen Fall benutzt werden. Die Feuerwehr (☏112) ist zu benachrichtigen.

Gib bei einer Brandmeldung an:
- Wo brennt es?
- Was brennt?
- Wie viele Verletzte gibt es?
- Wer meldet den Brand?

Bleibe bis zum Eintreffen der Feuerwehr am Meldeort!

EXPERIMENT 5 [S]

Lösche brennendes Holz.
Entzünde in einem Metalltiegel Holzspäne. Spritze in die lodernden Flammen Wasser mit einer Spritzflasche.
Erläutere die Wirkung des Wassers.
Entsorgung: Reste in Sammelbehälter für Hausmüll.

EXPERIMENT 6 [S]

Lösche brennenden Alkohol.
Vorsicht! Schutzbrille! Stelle eine Porzellanschale auf eine feuerfeste Unterlage und entzünde darin mit einem langen brennenden Holzspan 2–3 ml Spiritus (F). Decke die Schale mit einem Blech ab.
Erläutere die Wirkung des Abdeckens der Porzellanschale.
Entsorgung: Alkoholreste abbrennen lassen.

EXPERIMENT 7 [S]

Lösche brennendes Butangas.
Vorsicht! Schutzbrille! Schutzscheibe! Fülle mit einer Feuerzeugnachfüllkartusche etwas flüssiges Feuerzeuggas (Butangas, F+) in ein Becherglas. Entzünde das Gas (F+) vorsichtig mit einem langen brennenden Holzspan. Streue mithilfe eines Siebes Natriumhydrogencarbonat auf das brennende Gas.
Erläutere die Wirkung des Natriumhydrogencarbonats.
Entsorgung: Reste in Sammelbehälter für Hausmüll.

EXPERIMENT 8 [S]

Lösche brennendes Benzin mit einem selbst gebauten Schaumlöscher.
Vorsicht! Schutzbrille! Fülle eine Waschflasche zu drei viertel mit konzentrierter Natriumhydrogencarbonatlösung und 15 Tropfen Spülmittel. Lass ein kleines Reagenzglas mit Essig (Xi) in die Flüssigkeit der Waschflasche gleiten. Verschließe die Waschflasche schnell und schüttle bis zur Schaumbildung.
Entzünde in einer Metallschale 5 ml Wundbenzin (F) mit einem Span. Halte die Spitze auf die Metallschale, sodass Schaum auf das brennende Benzin gelangt.
Beobachte. Erläutere die Funktionsweise deines Feuerlöschers.
Entsorgung: Reste in Sammelbehälter für Abwasser.

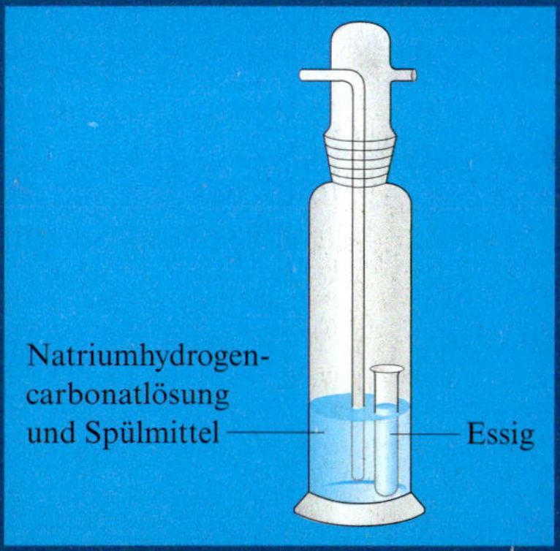

AUFTRÄGE

1. Fertige eine Übersicht über Arten von Feuerlöschern nach folgenden Kriterien an: Name des Löschers, Einsatzgebiet, Funktionsweise, Nachteile des Einsatzes.
2. Informiert euch über die in der Schule vorhandenen Feuerlöscher und übt unter Anleitung einer Fachkraft deren Bedienung.
3. Informiert euch über die Wirkungsweise eines Kohlenstoffdioxidlöschers. Fordert die entsprechenden Geräte und Chemikalien an und baut selbst einen Kohlenstoffdioxidfeuerlöscher. Testet die Wirksamkeit dieses Löschers.

ZUSAMMENFASSUNG

Luft

Stoffgemisch aus mehreren Gasen. Hauptbestandteile sind Stickstoff (Volumenanteil ($\varphi = 78\,\%$) und Sauerstoff (Volumenanteil ($\varphi = 21\,\%$). Weitere Luftbestandteile sind Edelgase und Kohlenstoffdioxid. Luftverunreinigungen wie Schwefeldioxid, Stickstoffoxide, Kohlenstoffmonooxid und Ozon können Pflanzen, Tiere und Menschen schädigen.

Luftbestandteil	Bau	Modell des Moleküls
Sauerstoff: Nichtmetall, das im Labor aus Wasserstoffperoxid oder durch Erhitzen von Kaliumpermanganat hergestellt wird. Farbloses und geruchloses Gas, das für die Verbrennung anderer Stoffe notwendig ist. Nachweis durch die Glimmspanprobe: Ein glimmender Holzspan flammt in reinem Sauerstoff hell auf.	Besteht aus Molekülen, in denen jeweils zwei Sauerstoffatome verbunden sind.	
Stickstoff: Nichtmetall, das durch Destillation verflüssigter Luft dargestellt wird. Farbloses und geruchloses Gas, das unter normalen Bedingungen nicht brennt und Flammen erstickt.	Besteht aus Molekülen, in denen jeweils zwei Stickstoffatome verbunden sind.	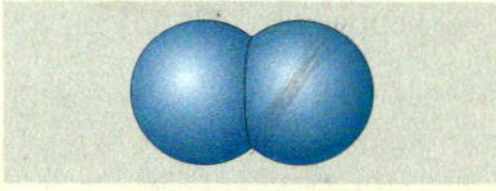
Kohlenstoffdioxid: Nichtmetalloxid, das durch Verbrennen von Kohlenstoff mit Sauerstoff entsteht. Farbloses, geruchloses und nicht brennbares Gas.	Besteht aus Molekülen, in denen jeweils zwei Sauerstoffatome und ein Kohlenstoffatom verbunden sind.	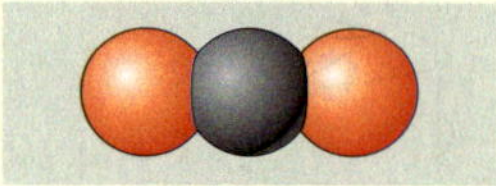
Schwefeldioxid: Nichtmetalloxid, das durch Verbrennen von Schwefel mit Sauerstoff entsteht. Farbloses, ätzend riechendes und giftiges Gas.	Besteht aus Molekülen, in denen jeweils zwei Sauerstoffatome und ein Schwefelatom verbunden sind.	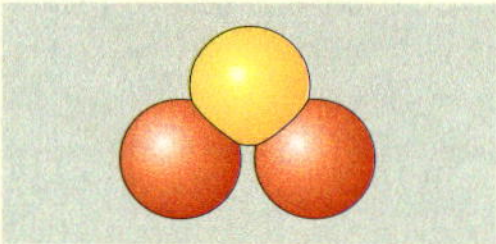

Nichtmetalloxid

Chemische Verbindung, die durch chemische Reaktion eines Nichtmetalls mit Sauerstoff entsteht.

Gesetz von der Erhaltung der Masse

Bei chemischen Reaktionen ist die Summe der Massen aller Ausgangsstoffe gleich der Summe der Massen aller Reaktionsprodukte.

Chemische Formel

Chemisches Zeichen, das für einen aus Molekülen aufgebauten Stoff, den Stoff oder ein Molekül des Stoffes kennzeichnet.

SO_2:
- Stoff Schwefeldioxid bzw. ein Molekül Schwefeldioxid
- 1 Molekül Schwefeldioxid besteht aus einem Atom Schwefel und zwei Atomen Sauerstoff

Reaktionsgleichung

Die Reaktionsgleichung beschreibt eine chemische Reaktion mithilfe chemischer Zeichen. Die Reaktionsgleichung kennzeichnet die an der chemischen Reaktion beteiligten Stoffe, die Teilchen der Stoffe und das Zahlenverhältnis, in dem die Teilchen reagieren.

z. B.: $2\,C + O_2 \longrightarrow 2\,CO$

Wasser – eine chemische Verbindung

Kaum ein Stoff ist für das Leben auf der Erde so bedeutsam wie das Wasser. Es begegnet uns als salziges Meerwasser, als Fluss- und Regenwasser, aber auch als Trinkwasser. Wasser ist auch Ausgangsstoff für die Herstellung vieler weiterer Stoffe.

- → Was ist Trinkwasser?
- → Wie kann es gewonnen werden?
- → Warum gibt es so viele Wasserarten?
- → Welche Eigenschaften hat Wasser?
- → Was hat der Raketentreibstoff Wasserstoff mit Wasser zu tun?

Wasser – ein lebensnotwendiger Stoff

Wasserkreislauf. Wir leben auf einem Planeten, von dessen Oberfläche mehr als 70 % mit Wasser bedeckt ist. Ein großer Teil der Wasservorkommen ist in einen weltumspannenden Wasserkreislauf einbezogen.
Der Wasserkreislauf beginnt über den Ozeanen. Durch Verdunstung geht Wasserdampf in die Atmosphäre über und wird weltweit verbreitet. Niederschläge bringen das Wasser wieder auf die Erde zurück. Zum Teil verdunstet es hier erneut, wird vorübergehend als Eis oder Schnee gespeichert oder fließt wieder den Meeren zu.

1 Wasserkreislauf

*„Wasser,
du hast weder Geschmack
noch Farbe noch Aroma.
Man kann dich nicht beschreiben.
Man schmeckt dich, ohne dich zu
kennen. Es ist nicht so, dass man
dich zum Leben brauchst:
du selber bist das Leben."*
SAINT-EXUPÉRY

Wassernutzung. Seit der Mensch existiert, nutzt er Wasser. Zuerst war es Wasser aus Flüssen, Seen, Quellen und Regenwasser. Schon frühzeitig erschloss sich der Mensch über Brunnen das Grundwasser. Wasser wurde auch über große Entfernungen transportiert. Die erste Fernwasserleitung wurde etwa 500 v. Chr. in Rom gebaut. 600 Jahre später lieferten neun Aquädukte täglich 700 000 m^3 Wasser nach Rom.
Teile alter römischer Wasserleitungen sind heute noch bei Köln und Nîmes zu besichtigen.
Im Mittelalter erlangte die Wassernutzung große Bedeutung für die Gewinnung mechanischer Energie in Wassermühlen, seit dem 20. Jahrhundert auch von elektrischer Energie. Weltweit wird heute Wasser in Industrie, Landwirtschaft und Haushalten genutzt. Die Anteile und Volumina schwanken zwischen Ländern und Erdteilen erheblich.

2 Römische Wasserleitung bei Nîmes

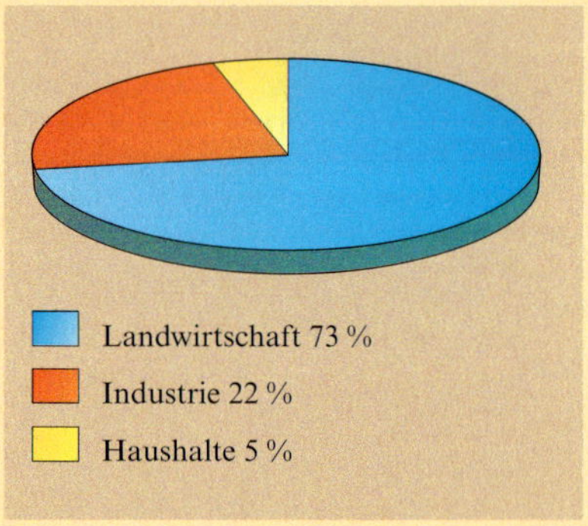

3 Weltweite Wassernutzung

Wie gelangt Trinkwasser in jedes Haus? Etwa 6 300 Wasserversorgungsunternehmen fördern in Deutschland Rohwasser aus geeigneten Wasservorkommen, bereiten es im Wasserwerk auf und leiten es durch ein Rohrnetz bis in jedes einzelne Haus.
Um jederzeit die Wasserversorgung zu gewährleisten, ist es erforderlich, Wasservorräte in Trinkwasserspeichern zu lagern und Wasserhochbehälter, so genannte Wassertürme, zu bauen. Diese sorgen auch für den notwendigen Druck in den Leitungen.

2 Wasserturm

Trinkwasser für alle. Der größte Teil der Erde ist zwar mit Wasser bedeckt, aber erst das Süßwasser ist die notwendige Lebensgrundlage für alle Landlebewesen. Der Süßwasseranteil an den Wasservorräten ist gering und sehr ungleichmäßig auf der Erde verteilt. Hunderte von Millionen Menschen haben Schwierigkeiten, auch nur 5 l nutzbares Wasser je Tag zu bekommen. Dies ist das Minimum, welches zum Überleben notwendig ist. Der Durchschnittsverbrauch an Wasser pro Person und Tag reicht von 5,4 l auf Madagaskar bis zu 500 l in den USA. Der weltweite Wasserverbrauch beläuft sich zurzeit auf etwa 2 880 km^3 je Tag.
Im Zusammenhang mit der wachsenden Weltbevölkerung und dem zunehmenden Einsatz von Trinkwasser für andere Zwecke nehmen die Probleme bei der Bereitstellung sauberen Trinkwassers weltweit zu. In vielen Gebieten ist der Bedarf an Trinkwasser größer als das Wasserangebot. Gegenwärtig steht deshalb etwa der Hälfte der Menschheit nicht genügend und vor allem nicht entsprechend sauberes Trinkwasser zur Verfügung. Nach Angaben der WHO leiden etwa 900 Mio. Menschen an Krankheiten, die durch verschmutztes Trinkwasser verursacht wurden.

1 Wasserträgerinnen in Indien

3 Dürstende Menschen in Afrika

AUFGABEN

1. Es wird immer schwieriger, genügend Trinkwasser herzustellen. Woran könnte das liegen? Erkundige dich in einem Wasserwerk.
2. Frage deine Eltern nach der Wasserrechnung für das vergangene Jahr und bitte um eine Erläuterung der Kosten.
3. Lasse einen Wasserhahn 10 Minuten tropfen und berechne die ungenutzt ablaufende Wassermenge in einer Stunde. Welche Kosten könnten dadurch je Woche (Monat, Jahr) zusätzlich entstehen?
4. Überlege, durch welche Maßnahmen den armen Ländern bei der Trinkwasserversorgung geholfen werden könnte.
5. Erkläre, warum in armen Ländern nur abgekochtes Wasser zur Speisezubereitung und zum Trinken verwendet werden sollte.
6. Du gehst an einem See spazieren und liest auf einem Hinweisschild: „Wasserschutzgebiet. Das Abstellen von Autos und das Baden sind verboten!“ Begründe dieses Verbot.

Gruppenarbeit

Wir untersuchen Wasser

In einem Gebirgsbach fließt kristallklares Wasser, das Wasser in einem Dorfteich ist häufig trüb und braun. Etwa drei Viertel der Erdoberfläche sind mit dem salzigen Wasser der Ozeane bedeckt. Wasser aus der Wasserleitung nehmen wir zum Trinken und zum Zubereiten von Speisen, aber auch zum Waschen der Wäsche oder zum Spülen des Geschirrs. Wodurch unterscheiden sich die verschiedenen Wasserarten?

1 Bachlauf mit sauberem Wasser

Löslichkeit von Gasen in Wasser bei 1 013 hPa

Sauerstoff		Kohlenstoffdioxid	
Temperatur in °C	Löslichkeit in $\frac{mg}{l}$	Temperatur in °C	Löslichkeit in $\frac{mg}{l}$
0	69,9	0	3 386
10	54,3	10	2 367
20	44,1	20	1 735
30	37,5	30	1 314
40	33,0	40	1 046

EXPERIMENT 1 [S]

Untersuche verschiedene Wasserarten.

Gib jeweils 50 ml verschiedener Wasserarten wie destilliertes Wasser, Trinkwasser, Bachwasser, Flusswasser, Tümpelwasser, Mineralwasser, Meerwasser und Regenwasser in Bechergläser. Prüfe den Geruch. Halte eine Lampe hinter die Gläser und betrachte die Wasserproben im Gegenlicht.

Notiere deine Beobachtungen. Vergleiche die Eigenschaften der Wasserarten. Stelle die Ergebnisse in einer Tabelle zusammen.

EXPERIMENT 2 [S]

Destilliere verschiedene Wasserarten.

Gib jeweils 4 ml der Proben verschiedener Wasserarten in Reagenzgläser und destilliere so lange, bis du etwa 1 ml Destillat erhalten hast. Vergleiche Geruch und Aussehen der Destillate mit denen der Ausgangsproben. Gib von jeder Ausgangsprobe und von dem jeweils dazugehörenden Destillat 2 Tropfen auf einen Objektträger und erhitze vorsichtig, bis die Flüssigkeit verdampft ist.

Vergleiche deine Beobachtungen miteinander.

EXPERIMENT 3 [S]

Erkunde das Verhalten von festen Stoffen in Wasser.

Gib in vier Reagenzgläser mit je 5 ml destilliertem Wasser jeweils einige Körnchen Kochsalz, Zucker, Kreidepulver und Kalk (C). Verschließe die Reagenzgläser mit einem Stopfen und schüttle sie kräftig. Notiere deine Beobachtungen.

Vergleiche die Beobachtungen miteinander.

2 Mineralwasser oder Tafelwasser löschen unseren Durst und sind für den Organismus gesund.

EXPERIMENT 4 [S]

Prüfe verschiedene Wasserarten auf elektrische Leitfähigkeit.

Gib jeweils 100 ml verschiedener Wasserproben in je ein Becherglas. Als Wasserproben eignen sich: a) destilliertes Wasser, b) Leitungswasser, c) Mineralwasser, d) Tafelwasser und e) Meerwasser (als Ersatz für Meerwasser können 10 g Kochsalz in 100 ml destilliertem Wasser gelöst werden).
Prüfe mit einem Leitfähigkeitsprüfer die elektrische Leitfähigkeit der verschiedenen Wasserarten.
Vergleiche die Ergebnisse miteinander.
Ziehe daraus Schlussfolgerungen für die Benutzung elektrischer Geräte im Bad der Wohnung.

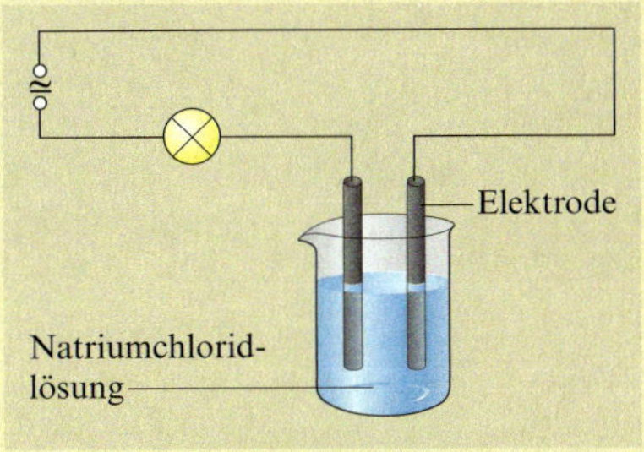

1 Mögliche Experimentieranordnung zum Prüfen der elektrischen Leitfähigkeit verschiedener Wasserarten

EXPERIMENT 5 [S]

Erkunde das Verhalten von flüssigen Stoffen in Wasser.

Fülle vier Reagenzgläser mit jeweils 5 ml destilliertem Wasser. Gib zu dem Wasser in den Reagenzgläsern jeweils etwa 1 ml Brennspiritus (F), Speiseöl, Glycerin und Petroleumbenzin (F). Verschließe die Gläser mit einem Stopfen und schüttle sie kräftig.
Notiere deine Beobachtungen.
Vergleiche deine Beobachtungen miteinander.

EXPERIMENT 6 [S]

Gewinne in Wasser gelöste Stoffe zurück.

Gib jeweils 2 ml der in Experiment 5 erhaltenen Lösungen in eine Abdampfschale und erhitze so lange, bis das Wasser verdampft ist.
Notiere deine Beobachtungen.
Gib außerdem von jeder der Lösungen jeweils 2 Tropfen auf einen Objektträger und erhitze vorsichtig, bis die Flüssigkeit verdampft ist.
Betrachte die erhaltenen Rückstände mit der Lupe oder unter dem Mikroskop.
Fertige Skizzen von den verschiedenen Rückständen an, die du unter dem Mikroskop betrachten kannst, und beschrifte sie.
Leite aus den Ergebnissen Schlussfolgerungen über die Eigenschaften dieser wässrigen Lösung ab.

Entsorgung

Reste von Petroleumbenzin, Speiseöl und Glycerin in Sammelbehälter II. Andere Flüssigkeiten in Sammelbehälter für Abwasser. Feste Stoffe in Sammelbehälter für Hausmüll.

AUFTRÄGE

1. Erkundet den Einfluss der Temperatur auf das Lösen von Gasen in Wasser.
   Entwickelt eine einfache Möglichkeit zum experimentellen Nachweis der Temperaturabhängigkeit des Lösens von Kohlenstoffdioxid und Sauerstoff in Wasser. Denkt dabei an einfache Beispiele aus dem Haushalt, z. B. an Mineralwasser.
2. Stellt in einem Supermarkt fest, welche Arten von Mineral- und Tafelwasser im Sortiment enthalten sind. Schreibt euch die jeweilige Zusammensetzung in tabellarischer Form auf.
3. Ermittelt durch eine Internetrecherche, was unter Tafel- und unter Mineralwasser verstanden wird. Stellt fest, welche Unterschiede und Gemeinsamkeiten zwischen beiden Wasserarten bestehen.
4. Leitet aus der Tabelle auf S. 34 Aussagen über die Löslichkeit von Sauerstoff und Kohlenstoffdioxid in Wasser ab. Beschreibt die Abhängigkeit der Löslichkeit von der Temperatur.
   Fertigt ein Diagramm zur grafischen Darstellung der Temperaturabhängigkeit der Löslichkeit von Sauerstoff und Kohlenstoffdioxid in Wasser an.

Wasser – reiner Stoff oder Stoffgemisch?

1 Gefluteter Tagebau mit klarem Wasser

Löslichkeit in g je 100 g Wasser bei 20 °C und 1 013 hPa	
Zucker	203,9
Kochsalz	35,88
Soda	21,66
Gips	0,2036

Eigenschaften von Wasser. Reines Wasser ist eine farblose und geruchlose Flüssigkeit. Bei Normdruck ($p = 1013\,hPa$) siedet Wasser bei 100 °C zu Wasserdampf und erstarrt bei 0 °C zu Eis. Das Wasser verschiedener Gewässer enthält jedoch noch weitere Stoffe, die sein Aussehen und seinen Geruch stark verändern können. Fällt z. B. im Herbst Laub in ein stehendes Gewässer wie einen Dorfteich, kann das Wasser des Teiches durch die Zersetzungsprodukte unangenehm riechen.
Wasser hat bei 4 °C eine größere Dichte als bei 0 °C. Diese Eigenschaft wird als **Anomalie des Wassers** bezeichnet. Da Wasser von oben nach unten gefriert, können unter der Eisschicht Fische und andere Wasserlebewesen im Winter überleben.

2 Auch im Winter kann man unter dem Eis eines Sees Fische angeln.

Im Wasser können viele verschiedene Stoffe wie z. B. Kochsalz, andere Salze und auch Zucker gelöst werden. Auch viele Gase sind in Wasser gut löslich. Da z. B. im Wasser der Flüsse und Seen Sauerstoff gelöst ist, können die Fische über ihre Kiemen unter Wasser atmen und den erforderlichen Sauerstoff für ihre Stoffwechselprozesse erhalten. Die Löslichkeit von Gasen in Wasser nimmt bei höheren Temperaturen ab. In lang anhaltenden Hitzeperioden wird dadurch die Sauerstoffversorgung der Fische gefährdet. Als Folge kann es in diesen Gewässern zum Fischsterben kommen.

3 Wasser bei verschiedenen Temperaturen

Zu den im Wasser gelösten Stoffen gehören auch Calcium- und Magnesiumverbindungen. Sind davon viele im Wasser gelöst, wird es als hartes Wasser bezeichnet. Hartes Wasser erschwert den Waschprozess, Seife und Waschpulver schäumen weniger. Die Heizstäbe von Waschmaschinen, Wasserkochern und Geschirrspülmaschinen verkalken schneller.
Die Härte des Wassers wird in °d (Grad deutscher Härte, früheres Einheitenzeichen °dH) angegeben. 1 °d entspricht einer Lösung von 10,00 mg Calciumoxid bzw. von 7,19 mg Magnesiumoxid in einem Liter Wasser. In Gebieten mit besonders hartem Wasser sollte beim Wäschewaschen und beim Geschirrspülen extra ein Wasserenthärter zugegeben werden. Dieser verhindert das Verkalken der Heizstäbe und der Maschinenteile.
Werden verschiedene Wasserproben erhitzt, bis alle Flüssigkeit verdampft ist, so bleiben die gelösten Stoffe als feste Rückstände übrig. Diese im Wasser gelösten Stoffe sind eine Voraussetzung für den Ablauf vieler Stoffwechselvorgänge bei Pflanzen, Tieren und Menschen.

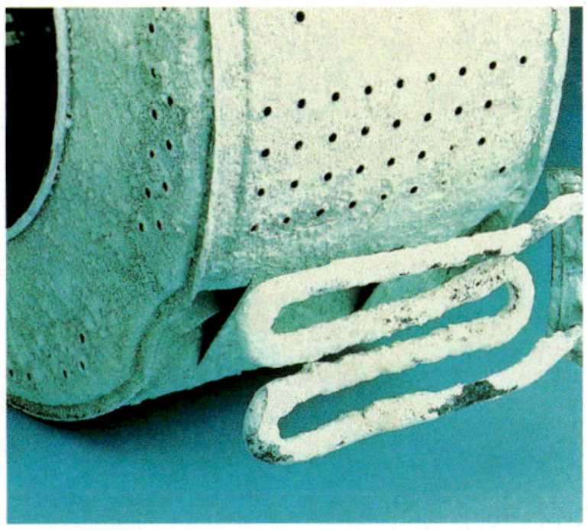

1 Kalkablagerungen an Trommel und Heizschlange einer Waschmaschine

Wasser und elektrischer Strom. Reines Wasser leitet den elektrischen Strom und die Wärme nur wenig. Sind dagegen im Wasser bestimmte Stoffe gelöst, stellt man eine sehr gute elektrische Leitfähigkeit fest. Solche Lösungen sind z. B. verschiedene Salzwasser, wie Meerwasser, oder aber Mineral- und Tafelwasser. Auch normales Leitungswasser kann je nach Gegend den elektrischen Strom gut leiten. Deshalb ist die Verwendung elektrischer Geräte mit Netzbetrieb in der Nähe der Badewanne für den Badenden lebensgefährlich.
Warum leiten diese Wasserarten den elektrischen Strom gut, reines Wasser dagegen fast gar nicht? Ursache dafür sind die im Wasser gelösten Teilchen verschiedener Stoffe. Diese besitzen eine positive oder negative elektrische Ladung und sind im Wasser frei beweglich. Deshalb können sie als Ladungsträger für den elektrischen Strom dienen. Diese Teilchen werden als **Ionen** bezeichnet. Auf den Etiketten von Mineralwasser sowie von Tafelwasser ist angegeben, welche Ionen in welchem Anteil enthalten sind.

Ionen sind positiv oder negativ elektrisch geladene Teilchen. In wässrigen Lösungen sind sie Ladungsträger für den elektrischen Strom.

Reines Wasser – Wasser als reiner Stoff. Trinkwasser wird im Alltag oft als reines Wasser bezeichnet, weil es keine chemischen Schadstoffe oder biologische Verunreinigungen enthält. Da im Trinkwasser lebensnotwendige Mineralstoffe enthalten sind, ist dieses Wasser kein reiner Stoff, sondern ein Stoffgemisch.
Auch Meerwasser, Mineralwasser oder Tafelwasser sind Stoffgemische. In diesen sind ebenfalls Mineralstoffe, aber auch Gase, z. B. Kohlenstoffdioxid, in gelöster Form enthalten. Öffnet man eine Mineralwasserflasche, lässt sich das Entweichen des Kohlenstoffdioxids als starkes Sprudeln feststellen.
Der reine Stoff Wasser dagegen besteht nur aus Wasserteilchen. Er kann z. B. durch Destillieren oder durch Entmineralisieren von Leitungswasser erhalten werden. Destilliertes bzw. entmineralisiertes Wasser wird zum Herstellen von Lösungen genauer Zusammensetzung, z. B. zur Durchführung von Analysen in Laboren von Krankenhäusern, benötigt. Im Haushalt findet es u. a. in Dampfbügeleisen Verwendung.
Als Trinkwasser ist destilliertes bzw. entmineralisiertes Wasser nicht geeignet, da es dem Organismus lebensnotwendige Mineralstoffe entziehen kann.

AUFGABEN

1. In Salzwasser und in Süßwasser sind verschiedene Stoffe gelöst. Informiere dich im Internet darüber, welche Stoffe in einem Binnensee und in einem Meer oder Ozean gelöst sind.
2. Wenn ein Gewitter aufzieht, sollte man schnell das Baden in einem Gewässer einstellen. Nenne Gründe für dieses notwendige Verhalten.
3. In der Werbung für ein Mineralwasser heißt es, „ein reines Wasser fließt aus der Quelle in die Flasche“. Setze dich mit der inhaltlichen Aussage dieser Werbung auseinander.
4. Im Bad und auf Wascharmaturen bilden sich nach einiger Zeit hässliche Kalkflecken. Erläutere, worauf dieser Vorgang zurückzuführen ist.
5. Schiffbrüchige benötigen zum Überleben im Meer unbedingt Trinkwasser. Erkläre, warum sie kein Meerwasser trinken dürfen.

Trinkwasser und Abwasser

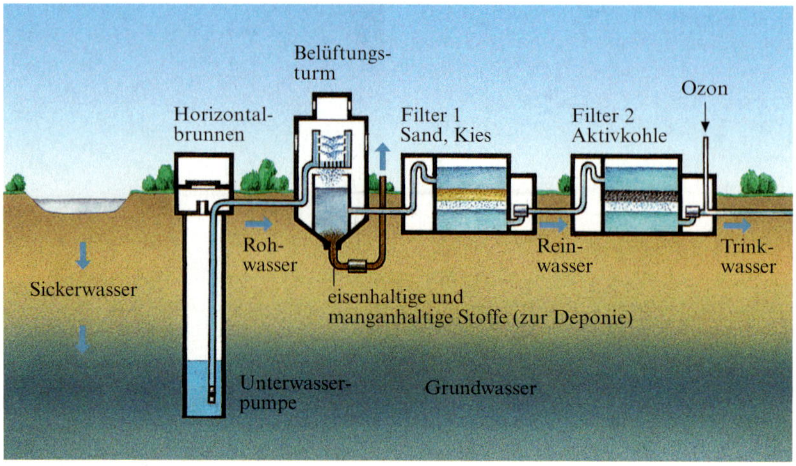

1 Gewinnung von Trinkwasser aus Flusswasser

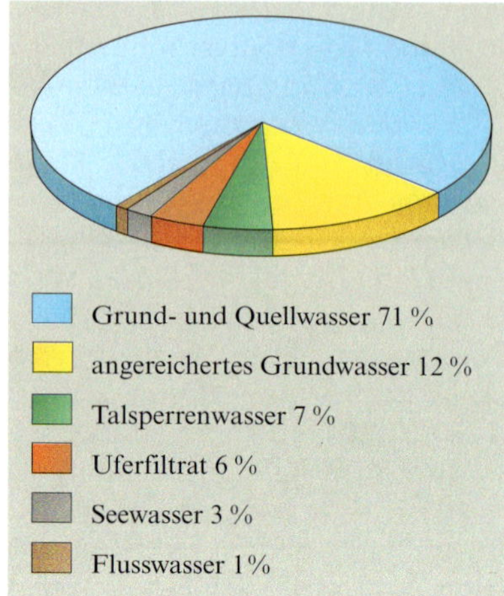

2 Herkunft des Trinkwassers in Deutschland

Trinkwassergewinnung und Trinkwasseraufbereitung. Trinkwasser als unser wichtigstes Lebensmittel soll klar, farblos und geruchlos sein. Außerdem soll es gut schmecken und keine Krankheitserreger enthalten.
Am besten erfüllen Quellwasser und Grundwasser diese Anforderungen. Da sie aber nicht überall in ausreichendem Maße zur Verfügung stehen, wird auch Oberflächenwasser zur Trinkwassergewinnung verwendet.
Grundwasser wird in Tiefbrunnen gewonnen. Oberflächenwasser aus Flüssen und Seen wird in mit Kies und Sand gefüllten Becken gefiltert, um grobe Verunreinigungen zu entfernen.
Das so erhaltene Rohwasser wird in Wasserwerken zu Trinkwasser aufbereitet. Nach der Belüftung werden in Kies-, Sand- und Aktivkohlefiltern Verunreinigungen entfernt, die das Wasser trüben oder färben. Durch Zusatz von Ozon oder Chlor werden Krankheitskeime abgetötet.

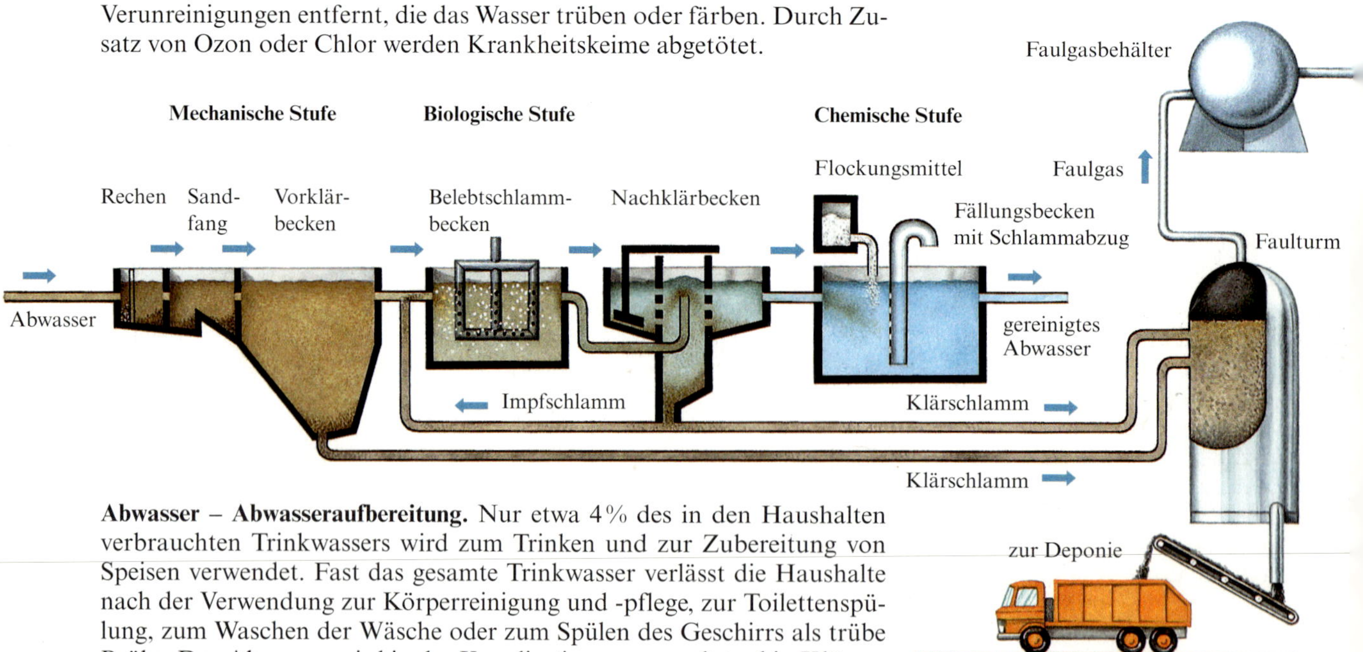

Abwasser – Abwasseraufbereitung. Nur etwa 4 % des in den Haushalten verbrauchten Trinkwassers wird zum Trinken und zur Zubereitung von Speisen verwendet. Fast das gesamte Trinkwasser verlässt die Haushalte nach der Verwendung zur Körperreinigung und -pflege, zur Toilettenspülung, zum Waschen der Wäsche oder zum Spülen des Geschirrs als trübe Brühe. Das Abwasser wird in der Kanalisation gesammelt und in Kläranlagen weiter geleitet.

3 Schema einer Kläranlage

In den Kläranlagen erfolgt die Reinigung des Abwassers durch mechanische, biologische und chemische Reinigungsverfahren. In der mechanischen Reinigungsstufe werden grobe Verunreinigungen bis zu einer Größe von etwa 15 mm entfernt. Feste feinkörnige Stoffe, wie Gemüsereste, Kot und Textilreste, setzen sich am Boden des Vorklärbeckens als Klärschlamm ab.
In der biologischen Reinigungsstufe zersetzen Bakterien die organischen Verunreingungen. Dazu benötigen die Bakterien Sauerstoff. Nach der biologischen Reinigung sind etwa 90 % der Verunreinigungen aus dem Abwasser entfernt.
In der anschließenden chemischen Reinigungsstufe werden gelöste, das Wasser gefährdende Stoffe abgetrennt. In den Fällungsbecken bilden sich mit dem Flockungsmittel in Wasser schwer lösliche Stoffe, die durch Filtration aus dem Wasser entfernt werden.
Nach der Abwasserreinigung in einer Kläranlage darf das gereinigte Abwasser in Oberflächengewässer eingeleitet werden. Der bei der Abwasserreinigung in allen Reinigungsstufen anfallende Klärschlamm kann zur Herstellung von Faulgas (Biogas) oder zur Düngung von Äckern und Wiesen verwendet werden. Gegenwärtig werden etwa 90 % der Abwässer in kommunalen und industriellen Kläranlagen gereinigt.

Gewässerschutz. Unsere Gewässer werden durch eine Vielzahl von Prozessen verschmutzt. Bei natürlichen Verschmutzungen der Gewässer durch Laub, Bodenbestandteile, Tierausscheidungen und tierische Zersetzungsprodukte reinigt sich das Gewässer meist durch biologische Vorgänge, Versickern und Verdunsten selbst. Auch durch den Menschen hervorgerufene Verschmutzungen reinigt ein Gewässer in gewissen Grenzen selbst. Stärkere Verschmutzungen oder der Eintrag von schädlichen Stoffen über einen langen Zeitraum führen zu einer Verringerung dieser **Selbstreinigungskraft der Gewässer**.
Das Ökosystem des Gewässers kann dauerhaft geschädigt werden. Das wiederum hat auch Folgen für die Bereitstellung von Trinkwasser. Die Aufbereitung solchen Wassers zu Trinkwasser ist deutlich schwieriger und teurer. Damit auch weiterhin ausreichend Trinkwasser bereitgestellt werden kann und die Ökosysteme intakt bleiben, müssen die Gewässer vor vermeidbaren Belastungen geschützt werden.

1 Gesunde Elblandschaft

Schon gewusst?

Zur Sanierung geschädigter Gewässer werden nationale und internationale Programme aufgelegt.
Seit 1990 wird die Elbe saniert, was zu einer deutlichen Verbesserung der Wasserqualität der Elbe geführt hat. Die Belastung der Elbe mit Phosphaten und Stickstoff aus Ammoniumsalzen wurde deutlich verringert.

Element	Massenkonzentration 1990	1996
Phosphor	0,53 mg/l	0,24 mg/l
Stickstoff	1,6 mg/l	0,05 mg/l

Damit bildet die Elbe wieder für viele Pflanzen- und Tierarten, wie Elbe-Biber und Fischotter, ein Ausbreitungsgebiet. Darüber hinaus ist sie Rastbiotop für den Vogelzug.

AUFGABEN

1. Weise nach, dass Wasser lebensnotwendig ist.
2. Überlege, wie mit einfachen Mitteln aus Salzwasser Trinkwasser gewonnen werden kann.
3. Düngemittel sind unentbehrlich für die Steigerung der Erträge im Garten und in der Landwirtschaft. Weshalb können sie aber das Grundwasser gefährden?
4. Überlege Sparmöglichkeiten für Trinkwasser bei dir zu Hause.
5. Gelangen 10 Tropfen (etwa 1 ml) Motorenöl in das Grundwasser, werden 1 000 l Wasser ungenießbar gemacht.
   Welcher Schaden tritt ein, wenn ein Autofahrer verbotenerweise sein Motorenöl von etwa 5 l in den Boden versickern lässt?
6. In manchen Haushalten werden Essenreste in die Toilette gegeben. Setze dich mit dieser Verhaltensweise auseinander.

Projekt

Veränderung der Zusammensetzung des Wassers durch Umwelteinflüsse

1 Gesundes Gewässer mit Schilfgürtel

2 Gewässer mit starkem Algenwachstum

Natürliche Gewässer enthalten neben dem Wasser eine Vielzahl weiterer Stoffe. Können natürliche Umwelteinflüsse und Einflüsse durch die menschliche Tätigkeit die Zusammensetzung des Wassers verändern?

Planung. Zur Bearbeitung des Themas könnt ihr die verschiedensten Fragen zusammentragen, die euch bei dieser Thematik interessieren und die von den Projektgruppen untersucht werden sollen. Für solche Fragen hier einige Anregungen.
Welche Zusammensetzung hat das Wasser eines natürlichen Gewässers (eines Baches, eines Teiches, eines Sees, ...)?
Wie lassen sich die Inhaltsstoffe im Wasser eines Gewässers ermitteln oder experimentell erkunden? Welche Inhaltsstoffe beeinflussen die Qualität eines Gewässers negativ?
Wie wird die Güte eines Gewässers beschrieben und experimentell bestimmt?
Welche natürlichen Einflüsse gibt es auf die Wasserzusammensetzung und die Wasserqualität?
Welche Einflüsse haben Haushalt, Industrie und Landwirtschaft auf die Zusammensetzung des Wassers?
Welche Einwirkungsmöglichkeiten auf die Wassergüte hat der Einzelne?
Wie kommt es, dass bei einigen Gewässern sehr schöne und gesunde Schilfgürtel vorhanden sind, bei anderen Gewässern die Schilfgürtel zerstört sind?
Was wird unter „Blühen“ eines Gewässers verstanden? Wie kommt es zu dieser Erscheinung? Was kann dagegen unternommen werden?

Arbeiten am Projekt. Zur Bearbeitung des Projektes könnt ihr verschiedene Arbeitsgruppen bilden. Zwischen diesen Gruppen solltet ihr die Aufgaben, die zu bearbeiten sind, aufteilen.
Umweltverbände und Umweltämter können euch sicherlich umfangreiches Material zu dieser Thematik zur Verfügung stellen. Neben experimentellen Untersuchungen von Wasserproben bietet sich auch eine Exkursion in ein Wasserwerk oder eine Kläranlage an.

Gewässergüte der Fließgewässer

Güteklasse I
unbelastet
Sauerstoffgehalt: 8,4 bis 8,8 mg/l
mäßig dicht besiedelt

Güteklasse II
mäßig belastet
Sauerstoffgehalt: 6,2 bis 7,5 mg/l
sehr große Artenvielfalt, viele Fischarten vorhanden

Güteklasse III
stark verschmutzt
Sauerstoffgehalt: 2,2 bis 4,4 mg/l
mit periodischem Fischsterben ist zu rechnen

Güteklasse IV
übermäßig verschmutzt
Sauerstoffgehalt: 0,0 bis 0,9 mg/l
Fäulnisprozesse herschen vor, vorrangige Bakterienbesiedlung, keine Fische

EXPERIMENT 1 [S]

Untersuche verschiedene Wasserproben.

Ermittle die Temperatur von Gewässern deiner Wohnumgebung. Stelle die Sichttiefe fest. Prüfe Geruch und Färbung des Wassers. Betrachte jeweils einen Tropfen der Gewässer unter einem Mikroskop.
Notiere die Ergebnisse und vergleiche die Gewässer miteinander.

EXPERIMENT 2 [S]

Ermittle die gelösten Feststoffe in verschiedenen Wasserproben.

Wie kann der Massenanteil gelöster fester Stoffe in einer Wasserprobe ermittelt werden? Entwickle eine Vorschrift für die Durchführung des Experiments. Verwende jeweils 20 ml der Gewässerproben.
Vergleiche den Massenanteil gelöster fester Stoffe in den verschiedenen Gewässerproben.

EXPERIMENT 3 [S]

Bestimme den Anteil gelöster Gase in verschiedenen Wasserproben.

Die Wasserproben lassen sich mithilfe einer Versuchsanordnung entsprechend der Abbildung untersuchen. Bestimme den Anteil gelöster Gase in jeweils 100 ml der Wasserproben. Erhitze die Wasserproben auf einem Drahtnetz langsam auf 90 °C und halte diese Temperatur etwa 5 min.
Vergleiche die Ergebnisse.

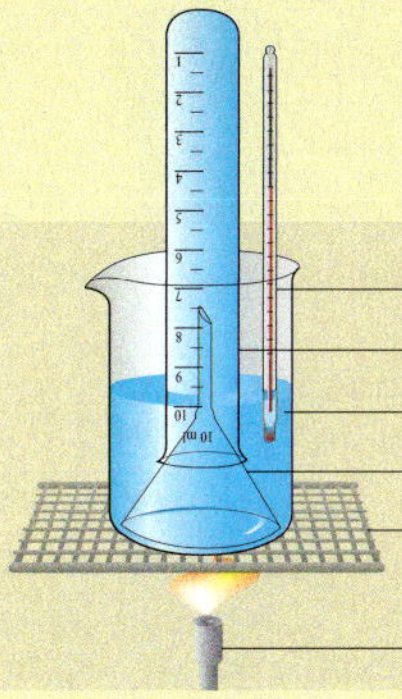

EXPERIMENT 4 [S]

Bestimme die Wasserhärte in verschiedenen Wasserproben.

Ermittle die Wasserhärte mithilfe von Teststäbchen entsprechend der Vorschrift, die den Verpackungen beiliegt. Wähle zur Untersuchung verschiedene Wasserproben aus, z. B. Leitungswasser, destilliertes Wasser und Wasser aus verschiedenen Gewässern deiner Umgebung.
Vergleiche die Wasserhärte der verschiedenen Wasserproben.

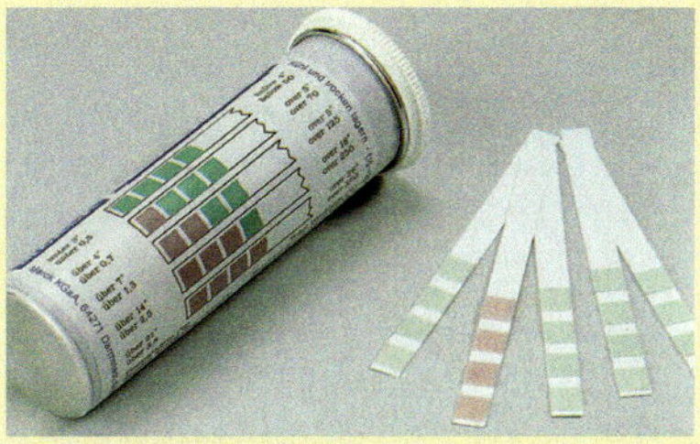

1 Teststäbchen zur Bestimmung der Wasserhärte

EXPERIMENT 5 [S]

Untersuche die Verschmutzung von Wasser durch Öl.

Gib zu 100 ml Wasser einen Tropfen gefärbtes Gewürznelkenöl. Rühre mit einem Glasstab um und prüfe Aussehen und Geruch. Gib 10 ml der Lösung zu 90 ml frischem Wasser. Prüfe erneut Geruch und Aussehen. Wiederhole den Vorgang solange, bis du keinen Geruch mehr wahrnimmst. Stelle fest, welches Volumen an Wasser erforderlich war, um das Öl unwirksam zu machen.
Überlege die Folgen, wenn Kraftstoffe bzw. Motorenöl in Gewässer gelangen.

Präsentation der Ergebnisse. Stellt eure Ergebnisse und Schlussfolgerungen den anderen Arbeitsgruppen vor. Überlegt, welche Ergebnisse ihr vielleicht in Form eines Posters einem größeren Publikum präsentieren möchtet. In einem Vortrag könnte auch zusammen mit den entsprechenden Experimenten dargelegt werden, wie eine einfache Wasseranalyse durchgeführt werden kann.

2 Schülerinnen und Schüler bei der Untersuchung von Wasserproben

Das „nasse Element“ Wasser als chemische Verbindung

1 Taucher mit Magnesiumfackel

Wasser – das „nasse Element“. Im Alltag wird Wasser oft als das „nasse Element“ bezeichnet. Dies ist eine aus der Antike überlieferte Bezeichnung, da angenommen wurde, dass alle Stoffe aus den vier „Elementen“ Erde, Wasser, Luft und Feuer gebildet werden können. Aus der Bezeichnung des Wassers als „nasses Element“ ergibt sich natürlich die Frage, ob Wasser wirklich zu den Elementsubstanzen gehört. Wenn das der Fall ist, dürfte sich Wasser nicht in andere Stoffe zerlegen lassen.

EXPERIMENT 2 [L]
Reaktion von Magnesium und Wasser.
In einem schwer schmelzbaren Reagenzglas werden zuerst das Magnesiumpulver (F) und dann der feuchte Sand mit starker Brennerflamme erhitzt. Mit dem entweichenden Gas ist die Knallgasprobe durchzuführen. Nachdem die Knallgasprobe negativ ausfällt, wird das entweichende Gas entzündet.

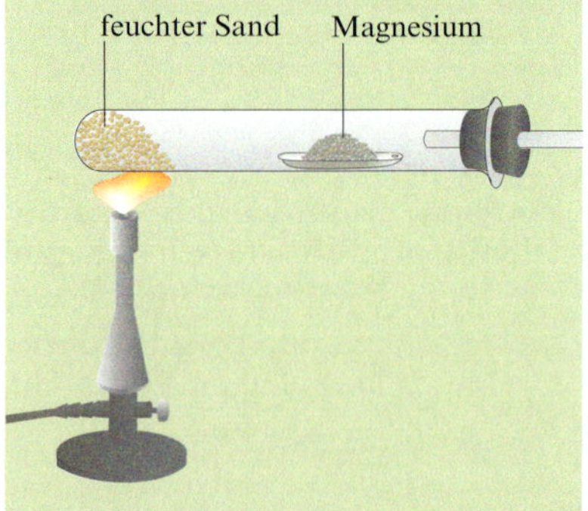

EXPERIMENT 1 [S]
Verhalten von Wasser beim Anlegen einer Gleichspannung.
Baue die Versuchsanordnung entsprechend der Abbildung auf. Verwende als Gefäß für das Wasser das Unterteil einer abgeschnittenen Kunststoffflasche. Setze in den Boden des Gefäßes zwei Kohlestäbe ein und verbinde die Kohlestäbe durch Kabel mit einem Netzgerät. Die Reagenzgläser sollen zu Beginn des Experimentes vollständig mit Wasser gefüllt sein. Lege an die Kohlestäbe eine Gleichspannung von 8 V an. Beobachte beide Kohlestäbe. Fülle am Pluspol und am Minuspol jeweils zwei Reagenzgläser mit Gas. Führe mit beiden Gasen die Glimmspanprobe durch. Prüfe beide Gase auf Brennbarkeit.
Notiere eine Vermutung, welche Gase gebildet wurden.
Entsorgung: Wasser in Sammelbehälter für Abwasser.

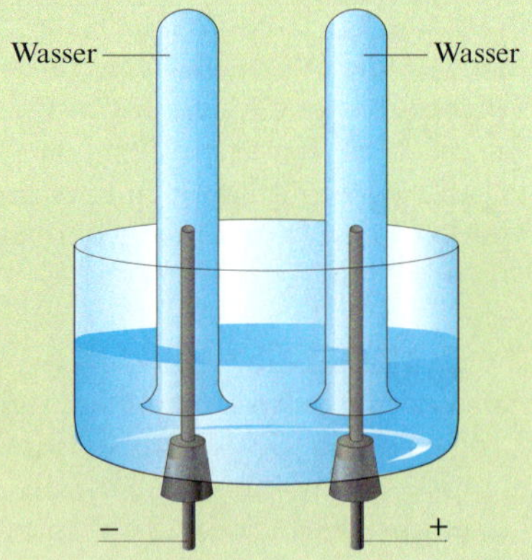

Verhalten von Wasser beim Anlegen einer Gleichspannung. Beim Anlegen einer elektrischen Spannung wird Wasser in zwei Gase zerlegt. Ein Gas lässt sich als Sauerstoff nachweisen. Bei dem zweiten Gas handelt es sich um Wasserstoff (↗ S. 44). Daraus lässt sich ableiten, dass Wasser keine Elementsubstanz, sondern eine chemische Verbindung ist. Der Schluss wurde durch die Ergebnisse des Experiments 2 bestätigt. Wasser wurde in die Elementsubstanzen Sauerstoff und Wasserstoff zerlegt. Der Sauerstoff reagierte mit dem Magnesium zum Magnesiumoxid, einem weißen, festen Stoff.

Wasser ⟶ Wasserstoff + Sauerstoff

EXPERIMENT 3 [S]
Nachweisen von Wasser.
Gib auf 3 Uhrgläser je eine Spatelspitze weißgraues Kupfersulfat (Xn, N). Tropfe 3 Tropfen Wasser zur ersten Probe, 3 Tropfen Speiseöl zur zweiten und 3 Tropfen Propanol (F, Xi) zur dritten Probe.
Notiere deine Beobachtungen.
Entsorgung: Kupfersulfat in Wasser lösen, Wasser verdunsten, Kupfersulfat in Sammlung geben und wieder verwenden.

Bildung von Wasser. Wenn sich die Verbindung Wasser in die Elementsubstanzen Sauerstoff und Wasserstoff zerlegen lässt, müsste sich Wasser aus den beiden Elementsubstanzen wieder bilden lassen. Beim Verbrennen von Wasserstoff entsteht ein flüssiges Reaktionsprodukt, das weißgraues Kupfersulfat blau färbt. Nur Wasser färbt weißgraues Kupfersulfat blau, wodurch das Reaktionsprodukt als Wasser nachgewiesen wurde.

Wasserstoff + Sauerstoff ⟶ Wasser

Die Reaktion von Wasserstoff und Sauerstoff erfolgt explosionsartig, wenn beide Stoffe im Volumenverhältnis von 2 : 1 vorliegen. Deshalb ist beim Arbeiten mit Wasserstoff äußerste Vorsicht geboten (↗ S. 44).

Wasser ist eine chemische Verbindung. Wasser lässt sich in die Elementsubstanzen Wasserstoff und Sauerstoff zerlegen. Aus den Elementsubstanzen Wasserstoff und Sauerstoff kann Wasser wieder gebildet werden.

Bau des Wassers. Wasser ist aus Molekülen aufgebaut. Jedes Wassermolekül besteht aus einem Atom Sauerstoff, an das zwei Atome Wasserstoff gebunden sind. Wasser hat deshalb die Formel H_2O.
Im Eis bilden die Moleküle Kristalle, die Moleküle sind fest angeordnet. Im flüssigen Aggregatzustand sind die Moleküle nicht mehr fest angeordnet, sie können sich bewegen. Im gasförmigen Zustand bewegen sich die Wassermoleküle frei und regellos.

Der reine Stoff Wasser besteht aus Wassermolekülen. In einem Wassermolekül sind zwei Wasserstoffatome und ein Sauerstoffatom miteinander verbunden. Die Formel für Wasser ist H_2O.

EXPERIMENT 4 [L]
Verbrennen von Wasserstoff.
Wasserstoff (F+) wird im Sauerstoffstrom verbrannt. Die kondensierte Flüssigkeit ist mit weißgrauem Kupfersulfat (Xn, N) zu prüfen.

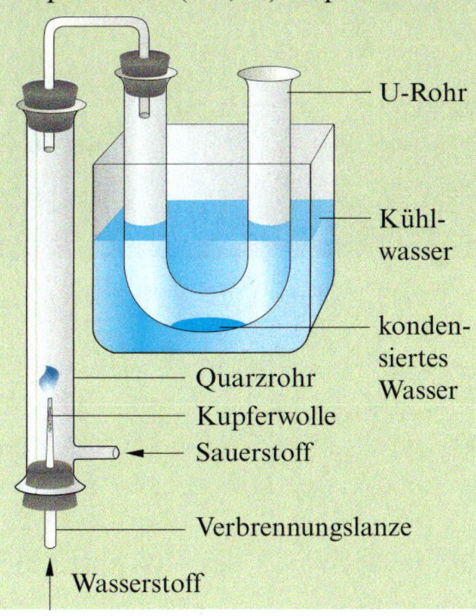

EXPERIMENT 5 [L]
Zünden eines Gemisches aus Wasserstoff und Sauerstoff.
Achtung! Schüler vor Entzünden warnen! Mund öffnen! Schutzscheibe!
In eine Tensidlösung in einer Sandbadschale aus Stahlblech wird ein Gemisch aus Wasserstoff (F+) und Sauerstoff im Volumenverhältnis 2 : 1 eingeleitet. An die Blasen ist ein brennender Holzspan zu halten.

1 Modell eines Wassermoleküls

AUFGABEN

1. Die Reaktion von Wasser mit Magnesium ist ein Hinweis darauf, dass Wasser eine Verbindung ist.
   a) Begründe diese Aussage.
   b) Formuliere für die Reaktion die Wortgleichung.
   c) Erläutere den Bau des Wassers.
2. Warum reicht die Durchführung eines einzigen Experimentes zur Analyse von Wasser nicht zur Bestätigung dafür aus, dass Wasser eine chemische Verbindung ist?
3. Zeichne mithilfe des Teilchenmodells eine Darstellung für das Sieden von Wasser und für das Zerlegen von Wasser. Vergleiche beide Vorgänge miteinander.
4. Warum muss beim Experimentieren mit Wasserstoff äußerst vorsichtig gearbeitet werden?
5. Welche Aussagen über Wasser sind aus der Formel H_2O möglich und welche Aussagen lassen sich daraus über Wasser nicht ableiten?

Wasserstoff

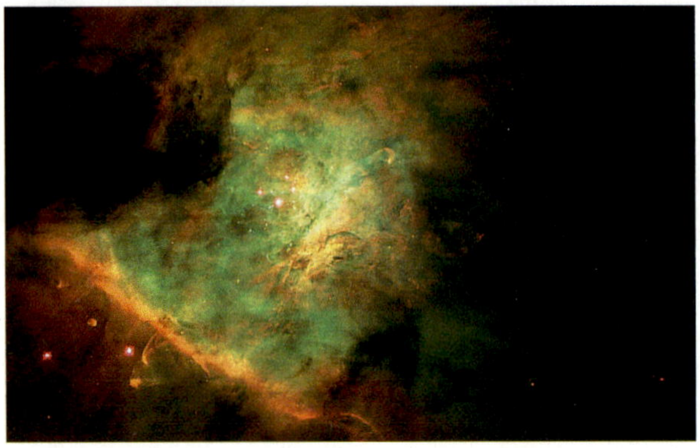

1 Wasserstoffwolke im Weltall

2 Explosion des Luftschiffs LZ 129 bei New York

Ein startender Spaceshuttle, eine Gaswolke im Weltall und die Tragödie 1937, als ein Luftschiff bei New York in Flammen aufging, scheinen auf den ersten Blick keine Gemeinsamkeiten aufzuweisen. Näher betrachtet haben sie aber alle mit der Elementsubstanz Wasserstoff zu tun. Was ist das für ein Stoff, der Katastrophen auslösen kann und doch gleichzeitig als Energieträger der Zukunft gilt?

EXPERIMENT 6 [S]

Stelle Wasserstoff dar und entzünde ihn.

Baue die Apparatur zum pneumatischen Auffangen eines Gases (↗ S. 9 Abb. 2) auf. In das Reagenzglas mit seitlichem Ansatzrohr werden 2 Körner Zink gegeben. Mit der Pipette werden tropfenweise vorsichtig etwa 2 ml 10%ige Salzsäure (Xi) aufgetropft. Fülle 4 Reagenzgläser mit dem entstehenden Gas. Halte nach dem Füllen die ersten drei Reagenzgläser an eine kleine Brennerflamme. *Vorsicht! Nicht erschrecken!* Halte das vierte Reagenzglas 10 s unverschlossen mit der Öffnung nach oben. Führe danach das Reagenzglas ebenfalls an die kleine Brennerflamme. Beschreibe deine Beobachtungen. Welche Eigenschaften des Wasserstoffs lassen sich ableiten?

Entsorgung: Salzsäurereste in Sammelbehälter für Abwasser, Zinkreste abspülen, werden wieder verwendet.

EXPERIMENT 7 [L]

Wasserstoffdarstellung.

In einen Kipp'schen Gasentwickler werden gekörntes Zink und 20%ige Salzsäure (Xi) gefüllt.

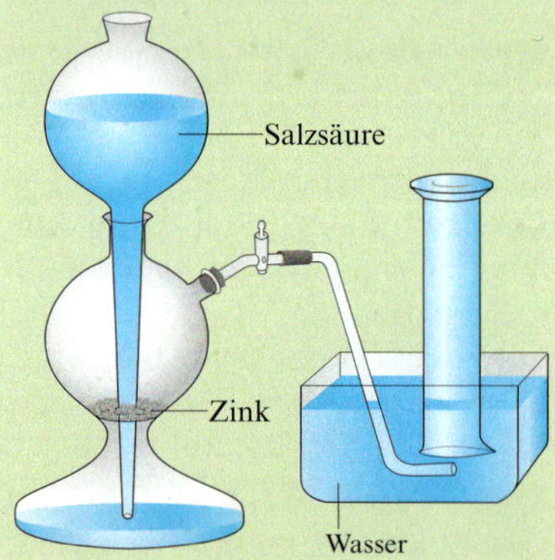

Darstellung und Vorkommen von Wasserstoff. Wasserstoff wird im Labor aus Gasflaschen mit roter Schulter entnommen oder in kleinen Mengen durch die Reaktion von Salzsäure mit Zink im Kipp'schen Gasentwickler (Experiment 7) dargestellt. Großtechnisch wird Wasserstoff allerdings zu über 90 % aus Erdöl hergestellt. Während Wasserstoff in der unteren Erdatmosphäre nur in Spuren vorkommt, besteht die in einigen 100 km Höhe sehr dünne Atmosphäre fast ausschließlich aus Wasserstoff.

Eigenschaften von Wasserstoff. Wasserstoff ist ein farbloses, geruchloses und ungiftiges Gas. Er hat die geringste Dichte aller Stoffe, löst sich in Wasser fast nicht, aber in einigen Metallen. Wasserstoff bildet mit Anteilen zwischen 4 % und 75 % mit Luft oder Sauerstoff hoch explosive Gemische, die **Knallgas** genannt werden. In reiner Form verbrennt er ruhig mit schwach bläulicher, sehr heißer Flamme.

EXPERIMENT 8 [L]

Verbrennen von Wasserstoff.

In einen mit Wasserstoff (F+) gefüllten Zylinder wird von unten eine brennende Kerze eingeführt und die Flamme beobachtet.

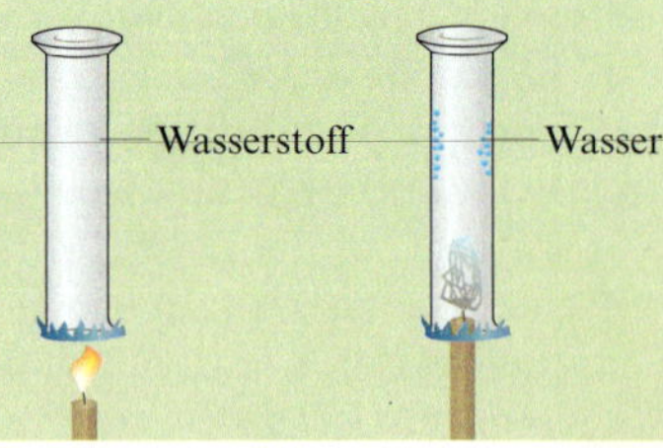

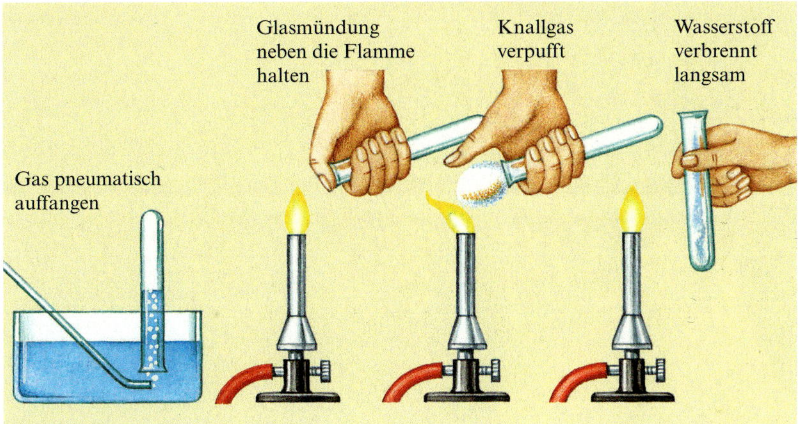

1 Durchführung der Knallgasprobe

Steckbrief

Wasserstoff
Farbe: farblos
Geruch: geruchlos
Aggregatzustand: gasförmig
Schmelztemperatur: −259 °C
Siedetemperatur: −253 °C
Dichte: 0,0899g/l (bei ϑ = 0 °C)
Giftigkeit: ungiftig
Brennbarkeit: brennt an der Luft mit schwach bläulicher Flamme.
Wasserlöslichkeit: sehr gering

Nachweis von Wasserstoff. Reiner Wasserstoff brennt ruhig mit schwach bläulicher Flamme. Knallgas verbrennt dagegen explosionsartig. Beim Experimentieren mit Wasserstoff muss deshalb sichergestellt sein, dass z. B. in Versuchsaufbauten keine hochexplosiven Knallgas-Gemische vorliegen. Die **Knallgasprobe** (Experiment 6 und Bild 1) liefert einen Hinweis auf solche explosiven Gemische. Ein knallendes oder pfeifendes Geräusch deutet auf ein explosives Gemisch. Wenn z. B. bei der Herstellung von Wasserstoff die Luft aus der Apparatur vollständig verdrängt wurde, weist ein ruhiges Abbrennen mit schwach bläulicher Flamme auf reinen Wasserstoff hin. Beim Verbrennen von Wasserstoff entsteht Wasser. Das Wasser kondensiert im Reagenzglas in Form winziger Tröpfchen.
Zusammen mit der bläulichen Flammenfarbe dient das Entstehen von Wasser als Nachweis für Wasserstoff.

Bau von Wasserstoff. Wasserstoff ist wie Sauerstoff und Wasser eine Molekülsubstanz. In einem Molekül Wasserstoff sind zwei Atome Wasserstoff durch starke Anziehungskräfte miteinander verbunden. Wasserstoff hat deshalb die Formel H_2.

Verwendung von Wasserstoff. Neben dem Einsatz als Raketentreibstoff dient Wasserstoff als Traggas für Wetterballons. Damit werden Messgeräte in große Höhen befördert. Beim autogenen Schweißen lassen sich zusammen mit Sauerstoff Flammentemperaturen bis 3 300 °C erreichen. Wasserstoff wird in der chemischen Industrie zur Produktion von Grundchemikalien, z. B. Ammoniak, und in der Lebensmittelindustrie, z. B. zur Härtung von Fetten, eingesetzt. Die Petrochemie benötigt Wasserstoff bei der Herstellung von Benzin und Methanol. Wasserstoff könnte der Energieträger der Zukunft sein.

EXPERIMENT 9 [L]
Böllerbüchse.
Eine mit Wasserstoff (F+) gefüllte, nach unten offene Blechdose wird auf einen Dreifuß mit Tondreieck gestellt. Das aus dem Loch (Durchmesser 1 bis 2 mm) im Kopf der Dose ausströmende Gas wird mit einem Holzspan gezündet.

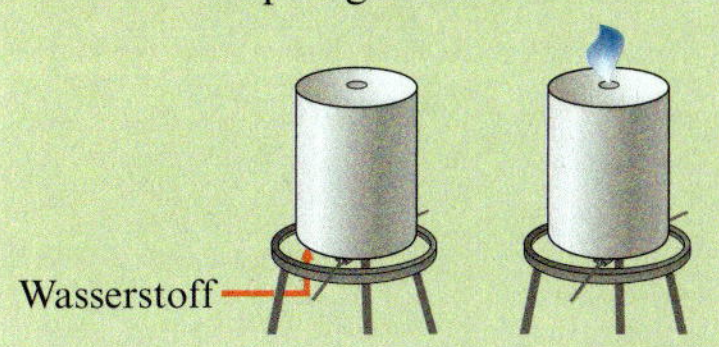

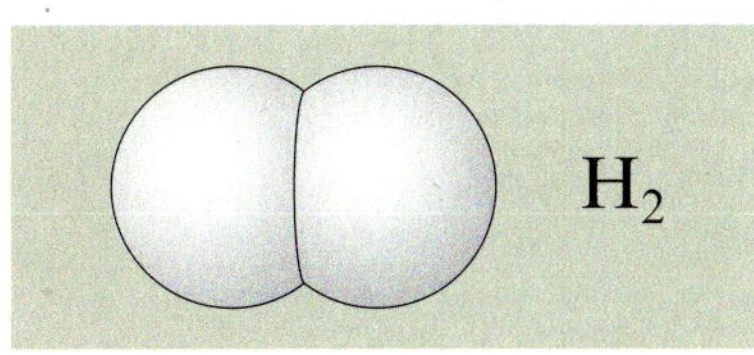

2 Modell und Formel eines Wasserstoffmoleküls

AUFGABEN

1. Nenne Risiken, die beim Experimentieren mit Wasserstoff auftreten können. Erläutere, wie diesen Risiken begegnet werden kann.
2. Ein Kubikmeter Wasserstoff trägt etwa eine Masse von 1,2 kg. Berechne, welches Volumen an Wasserstoff benötigt wird, um die Masse deines Körpers zu tragen. Suche einen Raum oder einen Gegenstand mit vergleichbarem Volumen.
3. Begründe den Einsatz von Wasserstoff als Traggas, Raketentreibstoff und Schweißgas.
4. Formuliere die Reaktionsgleichungen für die Zerlegung und die Bildung von Wasser.

1 Wasserstoff kann aus Biomasse gewonnen werden.

2 Wasserstoff kann aus fossilen Energieträgern gewonnen werden.

Übrigens

Es gibt auf der spanischen Insel Gran Canaria eine Testanlage zur Gewinnung von Wasserstoff aus Wasser, wobei die notwendige Energie für diese Reaktion durch Umwandlung von Windenergie gewonnen wird.

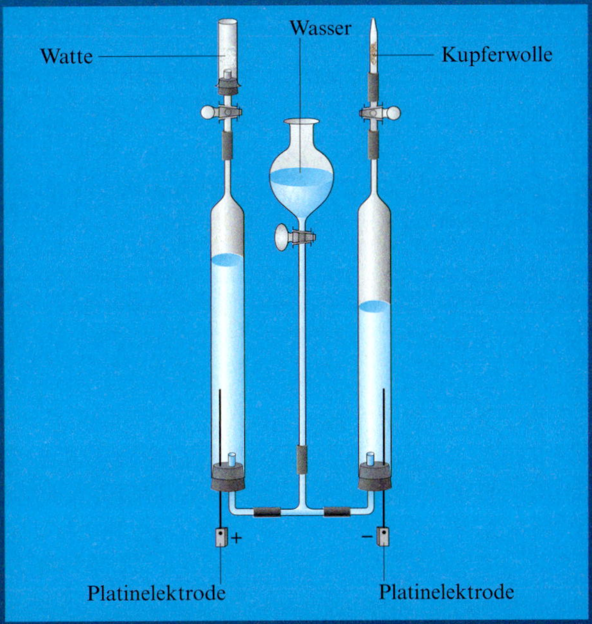

3 Gewinnung von Wasserstoff durch Zerlegen von Wasser

Gewinnung von Wasserstoff. Wasser ist die in nahezu unendlichen Mengen weltweit vorhandene Wasserstoffquelle. Eine energetisch günstige Gewinnung großer Mengen an Wasserstoff ist ein vorrangiges Ziel in der Wasserstofftechnik. Einige Möglichkeiten werden hier vorgestellt.

AUFTRÄGE

1. Vergleiche die Dichten von Wasserstoff, Helium, Stickstoff, Sauerstoff und Kohlenstoffdioxid mit der Dichte der Luft. Leite daraus Schlussfolgerungen ab, wie du Reagenzgläser mit diesen Gasen halten musst, damit das Gas nicht sofort entweicht.
2. Formuliere die Reaktionsgleichung für die Elektrolyse von Wasser.
3. Informiere dich im Internet, in welchen Bestandteilen des Erdöls ein besonders hoher Anteil von Wasserstoff chemisch gebunden ist.
4. Biogas besteht zu etwa zwei Dritteln aus Methan. Ermittle mithilfe des Internets oder von Fachbüchern, durch welche chemische(n) Reaktion(en) aus diesem Gas der Wasserstoff gewonnen werden kann.
5. Die Fotovoltaik gilt als Energiequelle der Zukunft für die Gewinnung von Wasserstoff. Was versteht man unter „Fotovoltaik"? Nutze wiederum Fachbücher bzw. das Internet.
6. Die Gewinnung von Wasserstoff aus Wasser ist ein sehr energieaufwendiger Prozess. Schlussfolgere aus den geografischen Gegebenheiten, welche Länder der Erde besonders gute Bedingungen für die Energiegewinnung aus Wasserkraft haben. Überprüfe deine Vermutungen mithilfe einer Internetrecherche.

Die „sanfte" Verbrennung des Wasserstoffs – die Brennstoffzelle. Bereits im 19. Jahrhundert gab es erste Lösungen, die bei der Verbrennung des Wasserstoffs frei werdende Energie größtenteils als elektrische Energie zu nutzen. Doch das Interesse an der Umsetzung dieses Verfahrens war besonders durch die Erfindung des Verbrennungsmotors zunächst sehr gering. Erst in den 1950er Jahren wurde diese Technologie „wieder entdeckt". Damals suchte man in den USA im Rahmen des nationalen Raumfahrtprogramms nach praktikablen Möglichkeiten der Stromversorgung. Herkömmliche Batterien waren dazu zu groß und zu schwer. Mit der Brennstoffzelle fand man eine geeignete Möglichkeit der Stromversorgung.

2 Apollo 11 über der Mondoberfläche. Brennstoffzellen sichern die Stromversorgung.

Bau einer Brennstoffzelle. Eine Brennstoffzelle besteht aus zwei Kammern, die durch eine Membran voneinander getrennt sind. In jeder Kammer befindet sich ein elektrisch leitender Stab, die Elektrode. Beide Elektroden sind über Kabel mit einem Stromverbraucher verbunden. Zu einer der beiden Elektroden wird nun das Brenngas Wasserstoff geleitet, zur anderen Elektrode der Sauerstoff, meist ist es jedoch Luft. So können die chemischen Reaktionen ablaufen, ohne dass Wasserstoff und Sauerstoff direkt miteinander Kontakt haben. Letztendlich laufen die gleichen chemischen Reaktionen wie bei der Knallgasreaktion ab. Durch die räumliche Trennung der Gase verläuft die Reaktion jedoch nicht explosionsartig, sondern kontrolliert. Diese chemische Reaktion bewirkt einen Elektronenfluss durch das Kabel, über das die beiden Elektroden miteinander verbunden sind. Dieser Elektronenfluss stellt die Stromquelle einer Brennstoffzelle dar.

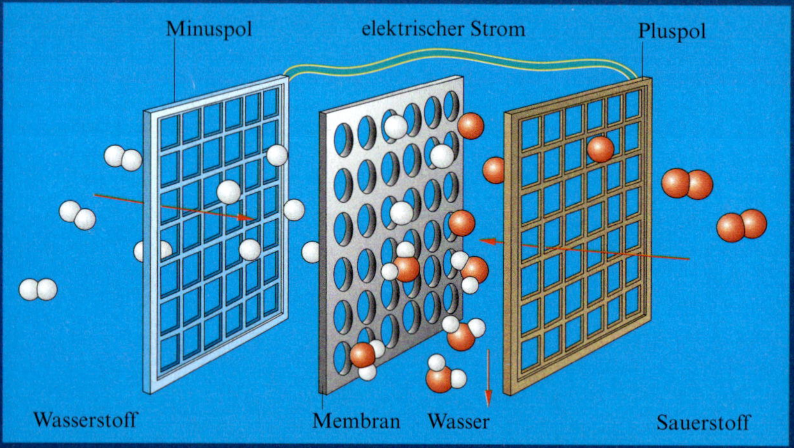

1 Schematische Darstellung einer Brennstoffzelle

Chemische Reaktionen in der Brennstoffzelle. Mithilfe eines Katalysators werden an der einen Elektrode die Wasserstoffmoleküle in Wasserstoffatome gespalten. Diese geben nun je ein Elektron ab und werden damit zu Wasserstoff-Ionen. Die Elektronen wandern über das elektrische Kabel zur anderen Elektrode. Auch die Wasserstoff-Ionen werden dahin transportiert, in dem sie die Membran durchdringen. Erst hier reagieren sie unter Einbeziehung der ankommenden Elektronen mit den Sauerstoffmolekülen zu Wassermolekülen. Das Reaktionsprodukt Wasser wird zusammen mit der Restluft aus der Zelle abgeleitet.

Wasserstoff + Sauerstoff ⟶ Wasser | exotherm

3 Dieser Camcorder wird von einer Brennstoffzelle angetrieben; im Zylinder rechts ist Wasserstoff als Metallhydrid gespeichert.

Einsatz von Brennstoffzellen. Die Entwicklung der Brennstoffzellentechnik ist in den letzten Jahren weit vorangeschritten. Mehrere deutsche und japanische Autohersteller testen den Einsatz von Brennstoffzellen in ihren Fahrzeugen. Besonders ihre Umweltfreundlichkeit und ihr hoher Wirkungsgrad machen diese Technik für viele Anwendungen interessant. Erste Stadtbusse mit Brennstoffzellenantrieb gibt es bereits. Brennstoffzellen für den Antrieb von U-Booten werden schon serienmäßig produziert. Ein Forschungsziel ist auch die Entwicklung von Miniatur-Brennstoffzellen, um diese z. B. für Laptops einzusetzen. Dabei ist man auch auf der Suche nach weiteren Brennstoffen. So wird der gasförmige Wasserstoff zunehmend durch flüssige oder feste Brennstoffe ersetzt.

Übrigens

2004 hat der erste Handyhersteller einige seiner Mobiltelefone zur Erprobung mit Brennstoffzellen ausgerüstet.

1 Dieses Auto wird mit einer Brennstoffzelle betrieben.

EXPERIMENT 1 [S]

Demonstriere die Funktionsweise einer Brennstoffzelle.
Lege dir die Bauteile für den Betrieb der Brennstoffzelle zurecht. Beachte, du brauchst eine Vorrichtung zur elektrolytischen Zerlegung des Wassers (Elektrolyseur), einen Vorratsbehälter für die entstandenen Gase, einen Verbraucher (z. B. eine Glühlampe oder einen Niederspannungsmotor), mehrere Kabel und Schläuche sowie die eigentliche Brennstoffzelle.
Verbinde zunächst den Elektrolyseur mittels zweier Schläuche mit dem Vorratsbehälter für die Gase. Fülle den Vorratsbehälter mit Wasser, das durch die Gase dann pneumatisch verdrängt wird. Schließe den Elektrolyseur an die Spannungsquelle an und warte, bis der Vorratsbehälter mit den Gasen gefüllt ist. Verbinde in dieser Zeit die Brennstoffzelle über zwei Kabel mit dem Stromverbraucher. Schalte jetzt die Stromzufuhr ab und verbinde den Vorratsbehälter über zwei Schläuche mit der Brennstoffzelle. Erläutere die Vorgänge, die a) im Elektrolyseur, b) im Vorratsbehälter und c) in der Brennstoffzelle ablaufen.
Entsorgung: Wasser im Sammelbehälter für Abwasser.

AUFTRÄGE

1. Erläutere den Bau und die Funktion einer Brennstoffzelle.
2. Informiere dich über weitere Brennstoffe, die in der Brennstoffzellentechnik eingesetzt werden. Nutze dazu auch das Internet.
3. Wasserstoff-Brennstoffzellen zeichnen sich durch einen hohen Wirkungsgrad aus. Was versteht man unter dem Wirkungsgrad?
4. Suche im Internet nach Beispielen für die erfolgreiche Nutzung der Brennstoffzellentechnologie in Sachsen.

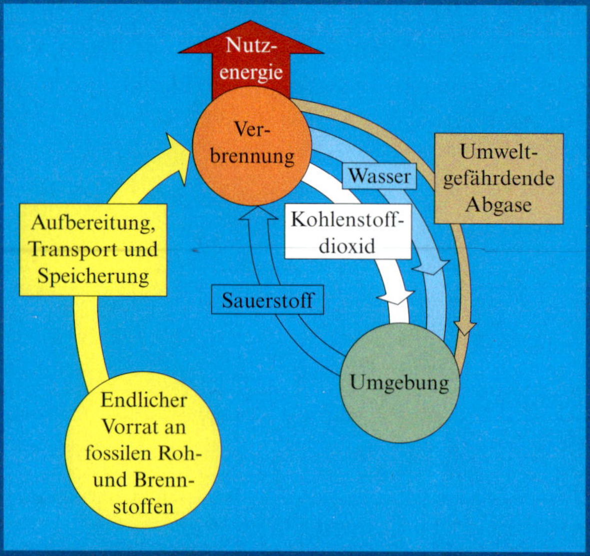

1 Nutzung fossiler Energiequellen

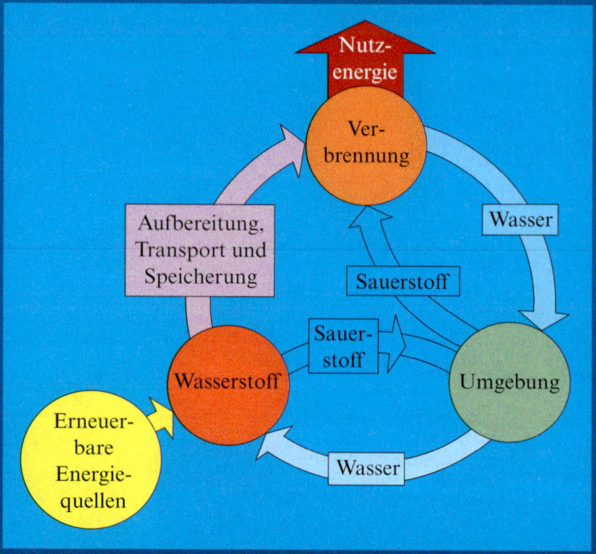

2 Nutzung erneuerbarer Energien

Wasserstoff und Umwelt. Bei chemischen Reaktionen zur Energiegewinnung sind die Reaktionsprodukte als Abfall zu betrachten. Vielfältige Maßnahmen müssen ergriffen werden, um die Belastung von Luft, Wasser und Boden durch diese Produkte so gering wie möglich zu halten. Bei der Nutzung von Wasserstoff als Energieträger kann dieses Problem umgangen werden. Entscheidend ist, dass die Gewinnung des Wasserstoffs nach einem umweltfreundlichen Verfahren erfolgt (↗S. 47).

Speicherung und Transport von Wasserstoff. Die Speicherung eines Gases erfordert durchdachte technische Lösungen. Für den Transport von Wasserstoff gelten besonders strenge Vorschriften. Große Mengen an Wasserstoff können z. B. in batteriebetriebenen Spezialfahrzeugen transportiert werden.
Heute forscht man intensiv nach weiteren Speichermöglichkeiten für Wasserstoff. So untersuchen koreanische Forscher die Möglichkeit, Wasserstoff in Kunststoffen oder Kohlefasern zu speichern.

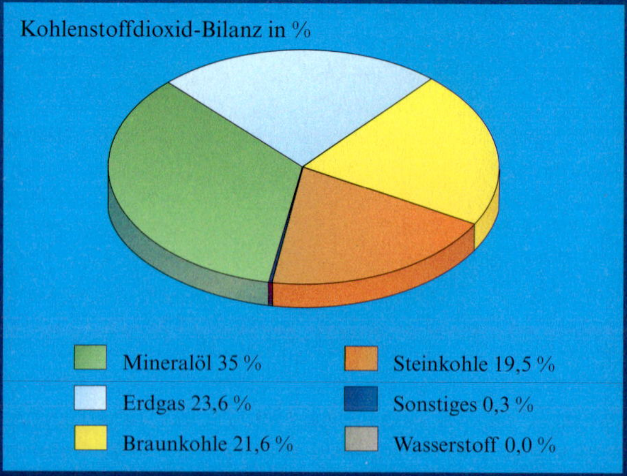

3 Kohlenstoffdioxid entsteht beim Verbrennen von Energieträgern.

4 Durch hohen Druck lässt sich das Gas stark komprimieren und in Druckgasbehältern speichern. Der Druck von 30 MPa in diesen Behältern ist 300-mal so groß wie der äußere Luftdruck.

Ein Unglück durch Wasserstoff. Am 28. Januar 1986 erschütterte die Menschen in aller Welt das bisher schwerste Unglück der bemannten Raumfahrt: Kurz nach dem Start explodierte die US-Raumfähre Challenger vor den Augen von Millionen Fernsehzuschauern unmittelbar vor der Küste Floridas. Die Explosion kam aus einem Leck des riesigen Treibstofftanks, in dem sich 1,5 Mio. Liter flüssiger Wasserstoff und über 500 000 Liter flüssiger Sauerstoff befanden. Die sieben Besatzungsmitglieder kamen dabei ums Leben. Diese Katastrophe zeigt, wie wichtig ein sachgerechter Umgang mit Wasserstoff ist.

Umgang mit Wasserstoff. Die Gefährlichkeit der Knallgasreaktion erfordert die Einhaltung bestimmter Regeln beim Umgang mit diesem Gas. Durch das Gefahrensymbol „F^+ – hoch entzündlich“ wird auf eine wichtige Eigenschaft hingewiesen. „Behälter bei unter 50 °C an einem gut belüfteten Ort aufbewahren, gegen Umfallen sichern. Nicht mit brennbaren, leicht entzündlichen und brandfördernden Stoffen zusammenlagern“ steht in dem für jeden Gefahrstoff notwendigen Sicherheitsdatenblatt. Durch diesen Hinweis wird verständlich, dass ein Gemisch aus Wasserstoff und Sauerstoff sehr gefährlich ist. Die durch einen Funken auszulösende explosionsartige Reaktion ist dir als Knallgasreaktion bereits bekannt.

2 Gefahrensymbol für Wasserstoff

1 Die explodierende Raumfähre „Challenger“

AUFTRÄGE

1. Erläutere die Aussagen der Abbildungen 1 und 2 (↗ S. 50). Gehe dabei auch auf die aktuelle Diskussion um Heizöl- und Benzinpreise ein.
2. Begründe die Aussage, Wasserstoff sei ein besonders umweltfreundlicher Energieträger.
3. Für alle gefährlichen Stoffe muss ein Sicherheitsdatenblatt erstellt werden. Informiere dich, welche Angaben ein solches Blatt immer enthalten muss.
4. Suche im Internet nach dem Sicherheitsdatenblatt für Wasserstoff. Welche weiteren Angaben zum Umgang mit Wasserstoff kannst du dem Sicherheitsdatenblatt für dieses Gas entnehmen?

ZUSAMMENFASSUNG

Reines Wasser	Reines Wasser ist eine chemische Verbindung. Es ist aus Molekülen aufgebaut. In einem Wassermolekül sind zwei Atome Wasserstoff mit einem Atom Sauerstoff verbunden. Wasser hat die Formel H_2O. Es ist farblos, geruchlos und geschmacksfrei. Wasser siedet bei Normaldruck bei 100 °C und erstarrt bei 0 °C. In Wasser sind viele feste Stoffe, Flüssigkeiten und Gase gut löslich. Es dient deshalb als Lösemittel und als Transportmittel für viele Stoffe.
Zerlegung von Wasser	Wasser lässt sich durch Anlegen einer elektrischen Spannung in einer endothermen Reaktion in die Gase Wasserstoff und Sauerstoff zerlegen. Wasser ⟶ Wasserstoff + Sauerstoff | endotherm $2\,H_2O \longrightarrow 2\,H_2 + O_2$
Bildung von Wasser	Bei der Verbrennung von Wasserstoff mit Sauerstoff entsteht Wasser. Diese stark exotherme Reaktion kann explosionsartig verlaufen. Wasserstoff + Sauerstoff ⟶ Wasser | exotherm $2\,H_2 + O_2 \longrightarrow 2\,H_2O$
Nachweis von Wasser	Wasser färbt graues Kupfersulfat blau. Diese Reaktion erfolgt nur mit Wasser und dient als Nachweis für Wasser.
Wasser in der Natur	Wasser kommt in der Natur als Stoffgemisch vor. Es enthält gelöste Mineralien und gelöste Gase. In dieser Form dient es als Trinkwasser (Leitungswasser) oder als Mineralwasser.
Ionen	Ionen sind positiv oder negativ elektrisch geladene Teilchen. Trinkwasser, Mineralwasser und Salzwasser enthalten bewegliche Ionen als elektrische Ladungsträger und leiten deshalb den elektrischen Strom.
Trinkwasser	Trinkwasser ist ein streng kontrolliertes Lebensmittel. Es enthält für den Menschen wichtige Mineralstoffe. Es ist für den Organismus lebensnotwendig.
Abwasser	Wasser, das durch verschiedene Verwendungen verschmutzt ist, z. B. mit Fetten, Waschmitteln, Nährstoffen, Sand oder anderen Schadstoffen.
Wasserstoff	Wasserstoff ist ein Nichtmetall. Es ist aus Molekülen aufgebaut. In jedem Wasserstoffmolekül sind zwei Atome Wasserstoff miteinander verbunden. Wasserstoff hat die Formel H_2. Wasserstoff ist farblos, geruchlos und brennbar. Wasserstoff hat die geringste Dichte aller Stoffe. Mit Sauerstoff und mit Luft bildet er explosive Gemische. Deshalb muss beim Experimentieren mit Wasserstoff die Knallgasprobe vorher durchgeführt werden. Wasserstoff kann durch seine Brennbarkeit bei gleichzeitiger Bildung von Wassertröpfchen nachgewiesen werden.

Atombau – Periodensystem der Elemente

Die Welt der kleinsten Teilchen beflügelte die Fantasie des Architekten, der eines der Wahrzeichen von Brüssel – das Atomium – entwarf.
Atome sind sehr viel winziger als ein Staubkorn. Forschungslabore zur Aufklärung des Baus der Atome haben gegenwärtig die Ausmaße gigantischer Industrieanlagen.

- Welche Vorstellungen vom Bau der Atome helfen uns, Eigenschaften von Stoffen besser zu verstehen?
- Welche Beziehungen gibt es zwischen dem Periodensystem der Elemente und der Welt der kleinsten Teilchen?

Vom Bau der Stoffe

1 Stoffprobe und Teilchenmodell von Kupfer

2 Stoffprobe und Teilchenmodell von Schwefel

Unterschiedliche Stoffe – unterschiedlicher Bau? Eine Vielzahl von Stoffen mit ganz unterschiedlichen Eigenschaften begegnet uns täglich beispielsweise schon am Frühstückstisch: Eiweiße, Fette, Zucker, Kochsalz, Vitamine, aber auch Metalle, Kunststoffe und Glas. Es gibt mehr als 13 Millionen verschiedenartige Reinstoffe. Die unvorstellbar große Anzahl haben Chemiker untersucht und beschrieben. Gegenwärtig wird etwa jede Minute eine neue chemische Verbindung entdeckt. Die gesamte uns umgebende „Stoffwelt" besteht aber nur aus rund 100 chemischen Elementen, die im Periodensystem geordnet sind. 13 Millionen Reinstoffe aus 100 Elementen!
Ob ein Stoff als glänzendes Metall, farbloses Gas oder kristallines Salz vorliegt, ist davon abhängig, aus welchen Teilchen die Stoffe bestehen und wie diese Teilchen miteinander zusammenhalten.
Die Eigenschaften der Stoffe werden von ihrem unterschiedlichen Bau bestimmt.

EXPERIMENT 1 [S]
Prüfe Stoffe auf elektrische Leitfähigkeit.
Untersuche einen Kupferspan, Schwefelkristalle und Kochsalzkristalle mithilfe eines Leitfähigkeitsprüfers auf elektrische Leitfähigkeit.
Gib je eine Spatelspitze der untersuchten Schwefel- bzw. Kochsalzkristalle in etwa 10 ml Wasser und prüfe erneut auf elektrische Leitfähigkeit. Notiere deine Beobachtungen.
Entsorgung: Stoffe getrennt sammeln, werden wieder verwendet; Lösung in Sammelbehälter für Abwasser.

Warum leitet das rot glänzende Kupfer im Gegensatz zum gelben Schwefel elektrischen Strom? Die Kochsalzlösung weist ebenfalls elektrische Leitfähigkeit auf. Diese Eigenschaft konnte bereits auch beim Prüfen von Mineralwasser, Meerwasser und Salzwasser (↗ S. 34) festgestellt werden, wogegen destilliertes Wasser nicht leitend ist.
Elektrische Leitfähigkeit setzt das Vorhandensein beweglicher Ladungsträger voraus. Lösungen sind nur leitend, wenn sie als bewegliche Ladungsträger **Ionen** enthalten. Ionen sind eine weitere Teilchenart, aus der Stoffe aufgebaut sind.

Atome, Ionen, Moleküle – Teilchen in Stoffen. Atome sind die Teilchenart, die chemische Elemente kennzeichnen. Jedes der über 100 bekannten chemischen Elemente besteht aus jeweils einer Atomsorte: das Element Kupfer besteht aus Kupferatomen, das Element Schwefel aus Schwefelatomen.
Atome sind auch die Grundbausteine von Stoffen, seien es Elementsubstanzen oder Verbindungen. In den Stoffen halten die Atome auf ganz unterschiedliche Weise zusammen. Zwischen ihnen wirken verschiedene Kräfte.
Den Bau der Metalle, z. B. von Kupfer, stellt man sich als Atomverband aus einer Vielzahl von Atomen vor (Bild 1, S. 54).
Andererseits gibt es Stoffe, die aus Molekülen aufgebaut sind. Zwei oder mehr Atome werden in einem Molekül zusammengehalten. So ist das bei Sauerstoff-, Schwefel- oder Wassermolekülen (Bild 2, S. 54). Nur die Edelgase Helium, Neon, Argon, Krypton, Xenon und Radon sind aus einzelnen ungebundenen Atomen aufgebaut.
In Stoffen wie Natriumchlorid, unserem Kochsalz, liegen Ionen vor. Positiv und negativ elektrisch geladene Ionen bilden in großer Zahl einen **Teilchenverband aus Ionen** (Bild 1). Anziehungskräfte zwischen ungleichnamig elektrisch geladenen Ionen halten diese im festen Salz zusammen. In der Salzlösung, im Meerwasser oder Mineralwasser sind sie dagegen die frei beweglichen Ladungsträger, die die elektrische Leitfähigkeit der Salzlösung bewirken.
Gut für die Gesundheit sollen – so hört man gelegentlich im Alltag – „natriumarmes" Mineralwasser und „Magnesium"- oder „Calcium"-Tabletten sein. Die elektrische Leitfähigkeit auch dieser Lösungen weist auf das Vorhandensein von Ionen hin. Ganz offensichtlich unterscheiden sich jene Stoffe in ihrem Bau von dem der silberglänzenden Metalle Natrium und Magnesium.

1 Stoffprobe und Teilchenmodell von Kochsalz (Natriumchlorid)

2 Auflösen einer „Magnesium"-Brausetablette

Atome und Ionen im Vergleich. Der wesentliche Unterschied zwischen einem Atom und einem Ion desselben Elements besteht darin, dass Ionen im Gegensatz zu Atomen elektrisch geladene Teilchen sind. Gibt es z. B. positiv und/oder negativ elektrisch geladene Magnesium-Ionen? Wie kommt es überhaupt zur elektrischen Ladung der Ionen? Um diese Fragen zu beantworten, müssen der Atombau genauer betrachtet und die Modellvorstellungen erweitert werden.

Teilchen	Natrium-atom	Natrium-Ion
Anzahl der Protonen	11	11
Anzahl der Elektronen	11	10
elektrische Ladung des Teilchens	keine	einfach positiv elektrisch geladen

Teilchen	Magnesium-atom	Magnesium-Ion
Anzahl der Protonen	12	12
Anzahl der Elektronen	12	10
elektrische Ladung des Teilchens	keine	zweifach positiv elektrisch geladen

Stoffe sind aus Atomen, Molekülen oder Ionen aufgebaut.
Ionen sind im Gegensatz zu den elektrisch neutralen Atomen elektrisch geladene Teilchen.

AUFGABEN

1. Erläutere den Unterschied zwischen einem Natriumatom und einem Schwefelatom.
2. Vergleiche Atom und Ion des Magnesiums.
3. Mg^{2+} ist das chemische Zeichen für ein bestimmtes Ion. Erläutere, wie das chemische Zeichen gebildet wird.

Atome – Schalenmodell der Atomhülle

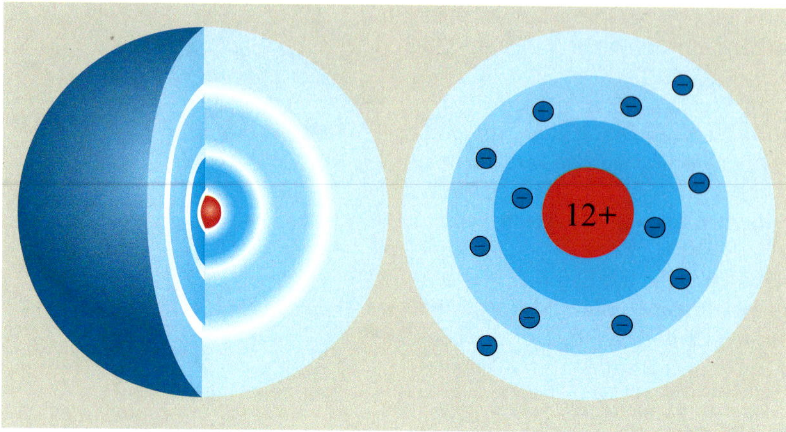

1 Räumliches und zweidimensionales Schalenmodell des Magnesiumatoms

Kern-Hülle-Modell des Atoms

Atomkern – Zentrum des Atoms

Elementarteilchen: **Protonen**
Symbol: p^+
Positiv elektrisch geladene Teilchen
Ladung: +1

Atomhülle – Raum um den Atomkern

Elementarteilchen: **Elektronen**
Symbol: e^-
Negativ elektrisch geladene Teilchen
Ladung: –1

Bau der Atome. Atome bestehen aus einem positiv elektrisch geladenen Atomkern, der von einer negativ elektrisch geladenen **Atomhülle** umgeben ist. Die Anzahl der positiven elektrischen Ladungen im Atomkern, die **Kernladung**, ergibt sich aus der Anzahl der sich im Atomkern befindenden Protonen. Die Atomhülle wird durch die negativ elektrisch geladenen Elektronen gebildet. Die Anzahl der Protonen und der Elektronen in einem Atom stimmt überein.

Elektronenanordnung in der Atomhülle. Im Durchmesser etwa 10000-mal größer als der Atomkern, so stellt man sich die ihn umgebende kugelförmige Atomhülle vor. In ihr bewegen sich die Elektronen. Sie verteilen sich aber nicht beliebig in der Atomhülle. Dies wurde bei Experimenten erkannt, bei denen Elektronen aus Atomen entfernt wurden. Die für eine Elektronenabspaltung aufzuwendende Energie müsste mit jedem entfernten Elektron stetig und gleichmäßig ansteigen, da die unveränderte, positive Kernladung immer weniger Elektronen anzieht. Überraschend ist, dass die Differenzen zwischen den zur Elektronenabspaltung benötigten Energien zum Teil recht unterschiedlich sind. Wie im Diagramm 2 ersichtlich, sind einzelne Elektronen auf annähernd gleichem **Energieniveau**. Von anderen sind diese hingegen durch relativ starke Energiestufen getrennt.

Die für eine Elektronenabspaltung benötigte Energie wird mit dem unterschiedlichen Abstand der Elektronen vom Atomkern erklärt. Dabei bedeutet eine hohe Abspaltungsenergie einen relativ geringen Abstand, eine niedrige Energie einen großen Abstand zum Atomkern.
Den genannten Energieniveaus lassen sich demnach Gruppen von Elektronen zuordnen, die einen ähnlichen Abstand vom Atomkern haben. Jede dieser Gruppe bildet eine **Elektronenschale**, einen kugelförmigen Raum mit dem Atomkern im Zentrum.

Im Modell des Magnesiumatoms verteilen sich zwölf Elektronen auf drei Elektronenschalen. Die jeweils äußerste Schale mit den Elektronen auf dem höchsten Energieniveau ist entscheidend dafür, wie die Atome in Verbindungen zusammenhalten. Solche Elektronen mit dem größten Abstand zum Atomkern werden als **Außenelektronen** bezeichnet.

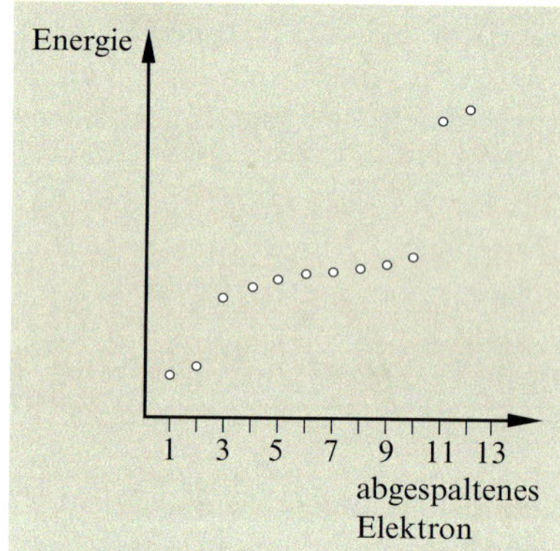

2 Energie für die Abspaltung der 12 Elektronen beim Magnesiumatom

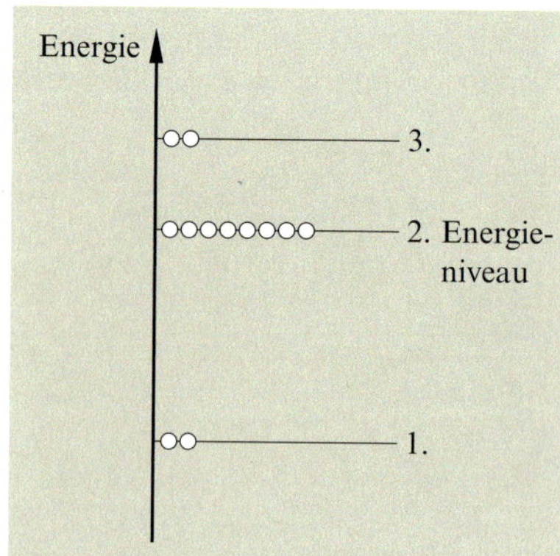

3 Energieniveauschema für ein Magnesiumatom (○: Elektron)

Energieniveauschema. Eine andere Modelldarstellung, z. B. von einem Magnesiumatom, ist mit dem **Energieniveauschema** gegeben. Je weiter eine Elektronenschale vom Atomkern entfernt ist, umso höher ist das Energieniveau der Elektronen, die sie besetzen. Für die Elektronen der Atome aller bisher bekannten Elemente werden 7 Energieniveaus unterschieden. Den Energieniveaus 1 bis 7 entsprechen die 1. bis 7. Elektronenschale.

> Die Atomhülle ist in Elektronenschalen gegliedert. In einer Elektronenschale halten sich Elektronen mit annähernd gleicher Energie und etwa gleichem Abstand vom Atomkern auf.

Besetzung der Elektronenschalen

Elektronenschale	Maximal mögliche Elektronenanzahl
1	2
2	8
3	18
4	32
⋮	⋮
n	$2\,n^2$

Wie viele Elektronen haben „Platz" in der Atomhülle? In den einzelnen Elektronenschalen kann sich stets nur eine begrenzte Anzahl an Elektronen aufhalten. Die dem Atomkern nächste, die 1. Elektronenschale, ist bereits mit zwei Elektronen voll besetzt; die 2. Elektronenschale kann höchstens acht Elektronen aufnehmen (↗ Tabelle).

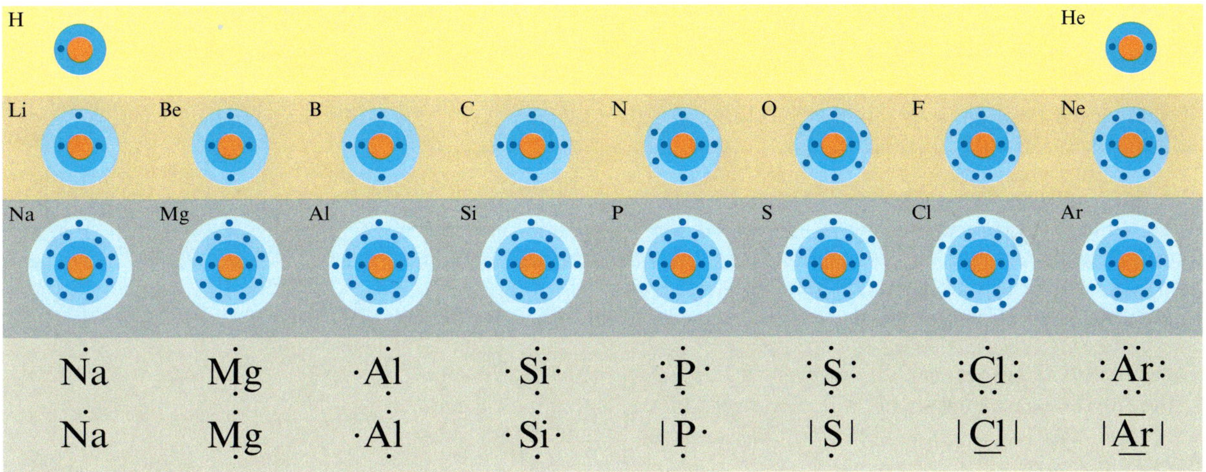

1 Elektronenanordnung und Elektronenschreibweise

Das eine Elektron des Wasserstoffatoms bzw. die zwei Elektronen des Heliumatoms bilden jeweils die 1. und gleichzeitig einzige Elektronenschale ihrer Atome. Die zusätzlichen Elektronen der nach der Kernladungszahl folgenden acht Elemente Lithium bis Neon bilden die 2. Elektronenschale. Die zehn Elektronen eines Neonatoms besetzen die 1. und 2. Elektronenschale vollständig. Die 3. Elektronenschale wird von maximal 18 Elektronen gebildet. Das elfte Elektron des Natriumatoms befindet sich in ihr, ebenso die äußeren acht der 18 Elektronen des Argonatoms. Die Elektronenanordnung mit acht Außenelektronen ist besonders stabil. Diese Anordnung wird als **Elektronenoktett** bezeichnet und findet sich bei allen Edelgasatomen außer Helium. Bei den Heliumatomen wird eine stabile Anordnung bereits mit zwei Elektronen erreicht.

Elektronenschreibweise. In der von GILBERT N. LEWIS (1875 bis 1946) eingeführten Schreibweise werden die Elektronen der Außenschale eines Atoms hervorgehoben. Am Symbol des Elements kennzeichnen Punkte die Außenelektronen (Bild 1). Bei mehr als vier Außenelektronen können jeweils zwei von ihnen, ein **Elektronenpaar,** durch einen Strich angegeben werden.

AUFGABEN

1. Notiere die Elektronenanordnung bei den Edelgasatomen Helium, Neon, Argon, Krypton. Nutze dazu das Tafelwerk.
2. Erkunde die Verwendung von Edelgasen im Alltag.
3. Zeichne ein Schalenmodell für ein Kaliumatom.
4. Wie viele Elektronenschalen hat ein Schwefelatom? Gib deren Elektronenbesetzung an.

Periodensystem der Elemente

Ordnungszahl. Im Periodensystem der Elemente sind die Elemente aufsteigend nach der Anzahl der Protonen in ihren Atomen angeordnet. Die **Ordnungszahl** entspricht der Anzahl der Protonen, die gleich der Kernladungszahl ist. Aufgrund des Ausgleichs der elektrischen Ladungen im Atom ist die Ordnungszahl auch gleich der Anzahl der Elektronen. Atome sind elektrisch neutrale Teilchen.

> Ordnungszahl ≙ Anzahl der Protonen = Anzahl der Elektronen

Anordnung der Elemente. Jedes Element hat seinen Platz im Periodensystem in einer der sieben waagerechten **Perioden**. Die Zugehörigkeit eines Elements zu einer Periode ist davon abhängig, auf wie viele Elektronenschalen sich die Elektronen seiner Atome verteilen. Die Atome aller Elemente einer Periode haben die gleiche Anzahl besetzter Elektronenschalen. Jede Periode endet mit einem Edelgas, dessen Atome die besonders stabile Elektronenanordnung von acht Außenelektronen aufweisen (Ausnahme: Helium mit zwei Außenelektronen).

> Nummer der Periode ≙ Anzahl der Elektronenschalen des Atoms

In den **Gruppen** des Periodensystems stehen die Elemente senkrecht untereinander, deren Atome jeweils die gleiche Anzahl an **Außenelektronen** aufweisen. Gleiche Anzahl an Außenelektronen führt zu Ähnlichkeiten in den chemischen Eigenschaften der Elementsubstanzen.
In jeder der acht **Hauptgruppen** steht eine Elementfamilie, die sich durch enge chemische Verwandtschaft auszeichnet. Einigen dieser Familien wurden eigene Namen gegeben. So werden die Elemente der VIII. Hauptgruppe als Edelgase und die der VII. Hauptgruppe als Halogene bezeichnet. Die Elemente der I. bzw. der II. Hauptgruppe nennt man Alkali- bzw. Erdalkalimetalle.

> Nummer der Hauptgruppe ≙ Anzahl der Außenelektronen

Die Anordnung der Elemente nach steigender Protonenanzahl in ihren Atomkernen zeigt eine regelmäßige periodische Wiederkehr von Elementen mit ähnlichem Bau der Atomhülle.
Die Atome der links im Periodensystem stehenden Elemente besitzen nur wenige Außenelektronen und bilden mit Ausnahme des Wasserstoffs **Metalle**. Die wenigen Außenelektronen können leicht abgegeben werden und bewirken beispielsweise in den Metallen als Ladungsträger den Transport des elektrischen Stromes. Aus Metallatomen können **positiv elektrisch geladene Metall-Ionen** entstehen.
Hingegen neigen Atome der Elemente der V. bis VII. Hauptgruppe dazu, weitere Elektronen aufzunehmen, um zusammen mit ihren 5 bis 7 Außenelektronen eine stabile Elektronenanordnung zu erreichen.
Nicht nur alle **Halogene** sind nichtmetallische Elementsubstanzen; auch unter den Elementen der V. und VI. Hauptgruppe finden sich solche. Die nichtmetallischen Elementsubstanzen sind oft aus Molekülen aufgebaut. In Verbindungen liegen diese Elemente häufig in Form von **negativ elektrisch geladenen Ionen** vor.

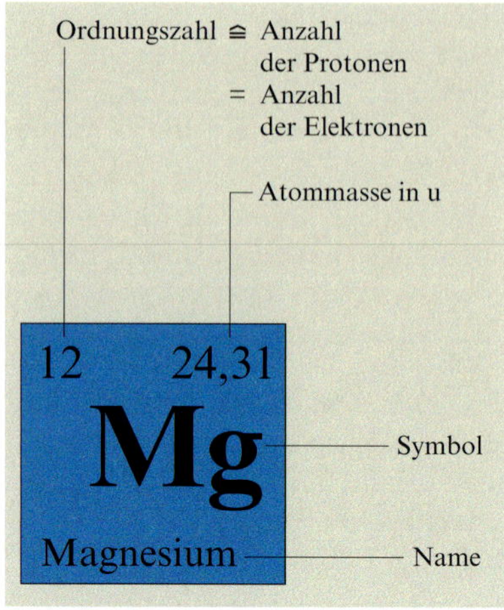

1 Ein Feld aus dem Periodensystem der Elemente

Elektronenverteilungen im Vergleich

Teilchen, chemisches Zeichen	Elektronen in der Elektronenschale 1.	2.	3.
Aluminiumatom, Al	2	8	3
Aluminium-Ion, Al^{3+}	2	8	
Chloratom, Cl	2	8	7
Chlorid-Ion, Cl^{-}	2	8	8

AUFGABEN

1. Gib die Elemente mit den Ordnungszahlen 12, 35 und 56 an.
2. Die Elektronen eines Atoms sind auf drei Elektronenschalen verteilt. In der 3. Elektronenschale bewegen sich 4 Elektronen. Gib an, um welches Atom es sich handelt.
3. Interpretiere die Ausdrücke „natriumarmes“ Mineralwassser und „Magnesium“-Tabletten.

So entstand das Periodensystem – Die „Entdeckung“ von Elementen am Schreibtisch?!

Mitte des 19. Jahrhunderts sind über 60 chemische Elemente bekannt. Viele Chemiker suchen nach weiteren Elementen und zugleich nach deren „chemischen Verwandtschaften“, um „Prinzipien der Chemie“ (Titel eines damaligen Lehrbuchs) zu erkunden.

Im Jahre 1829 stellt JOHANN-WOLFGANG DOEBEREINER (1780 bis 1849) Elemente in Dreiergruppen zusammen.
JOHN A. R. NEWLANDS (1837 bis 1898) ordnet im Jahre 1865 Elemente nach der Atommasse. Er erkennt periodisch wiederkehrende Eigenschaften beim jeweils achten Nachfolger. Edelgase sind noch unbekannt.

Die Naturwissenschaftler LOTHAR MEYER (1830 bis 1895) und DMITRI I. MENDELEJEW (1834 bis 1907) entwickeln im Jahre 1869 unabhängig voneinander das Periodensystem der Elemente. Sie erkennen das Gesetzmäßige in der „Verwandtschaft“ der Elemente, ihre Zugehörigkeit zu unterschiedlichen Elementfamilien. D. I. MENDELEJEW schreibt: *„Die nach der Größe ihres Atomgewichts geordneten Elemente zeigen eine deutliche Periodizität ihrer Eigenschaften …“*

1 LOTHAR MEYER (1830 bis 1895)

2 DMITRI I. MENDELEJEW (1834 bis 1907), Professor in St. Petersburg

Von genialer Voraussicht zeugen absichtliche „Lücken“ in ihrem Periodensystem. Noch nicht entdeckte Elemente werden vorhergesagt und ihre wahrscheinlichen Eigenschaften schon sehr genau beschrieben.

Eine erste glänzende Bestätigung der Vorhersagen stellt die Entdeckung des Elements *Gallium* im Jahre 1876 dar. Die Lücke nach dem Aluminium ist gefüllt. Eine weitere wissenschaftliche Sensation ist die Entdeckung des *Germaniums* durch CLEMENS WINKLER (1838 bis 1904). Der Professor an der Bergakademie Freiberg fand dieses Element 1886 bei der Analyse von sächsischem Silbererz. D. I. MENDELEJEW hatte dieses Element als nach dem Silicium stehend vorausgesagt.

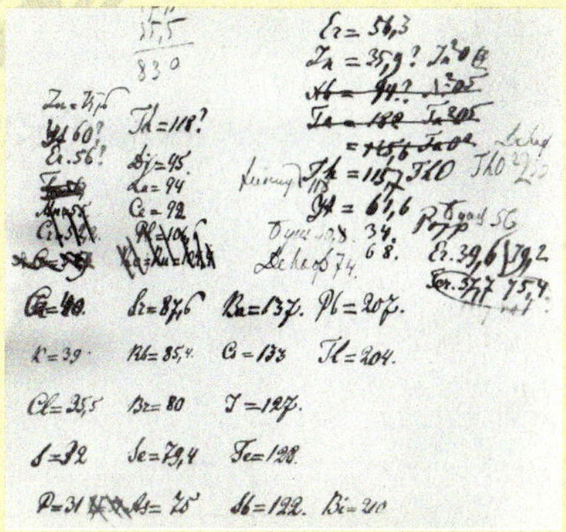

3 Notizen von D. I. MENDELEJEW

ZUSAMMENFASSUNG

Atombau

Kern-Hülle-Modell des Atoms

Atomkern	**Atomhülle**
Zentrum des Atoms Elementarteilchen:	in Elektronenschalen gegliederter, kugelschalenförmiger Raum um den Atomkern; Elementarteilchen:
Protonen Symbol: p^+ positiv elektrisch geladene Teilchen	**Elektronen** Symbol: e^- negativ elektrisch geladene Teilchen

Energieniveauschema

Weitere Modellvorstellung zum Atom. Elektronen eines Atoms besetzen unterschiedliche Energieniveaus. Diesen entsprechen die Elektronenschalen.

Ionen

Positiv oder negativ elektrisch geladene Teilchen.

Periodensystem der Elemente

Anordnung aller bekannten chemischen Elemente nach steigender Anzahl der Protonen in ihren Atomen. Es zeigt sich eine regelmäßige periodische Wiederkehr von Elementen mit ähnlichem Bau ihrer Atome.

Periodensystem der Elemente und Atombau

Angabe im Periodensystem	Bau der Atome
Ordnungszahl	≙ Anzahl der Protonen = Anzahl der Elektronen
Nummer der Hauptgruppe	≙ Anzahl der Außenelektronen
Nummer der Periode	≙ Anzahl der Elektronenschalen

Elektronenoktett

Besonders stabile Elektronenanordnung von acht Außenelektronen.

Elektronenschreibweise

Kennzeichnung der Außenelektronen am Symbol des Elements durch Punkte für einzelne Elektronen bzw. durch Striche für Elektronenpaare.

Beziehungen im Periodensystem der Elemente

In einer Periode	In einer Hauptgruppe
– ist die Anzahl der Elektronenschalen gleich, – nimmt die Anzahl der Außenelektronen von 1 bis 8 zu, – nehmen die metallischen Eigenschaften ab, die nichtmetallischen dagegen zu.	– steigt die Anzahl der Elektronenschalen von eins bis sieben, – ist die Anzahl der Außenelektronen gleich, – haben Verbindungen der Elemente übereinstimmende Zusammensetzung.

Kochsalz und andere Salze

Die glasklaren, das Licht brechenden, würfelförmigen Kristalle des Halits, auch Steinsalz genannt, sind Schaustücke in Mineraliensammlungen. Sie glitzern an Wänden von Stollen und Kammern in Bergwerken unter Tage. Hauptbestandteil des Steinsalzes ist das Natriumchlorid, das auch als Kochsalz verwendet wird. Unser Kochsalz – das „Salz“ – ist jedoch nur eines von vielen Salzen, die in der Natur vorkommen.

→ Welche Eigenschaften haben solche Stoffe?
→ Wie sind Salzkristalle aufgebaut?
→ Was hat es mit den Ionen im Meerwasser und Salzwasser auf sich?

Vorkommen, Gewinnung und Verwendung von Kochsalz

1 Bergmännischer Salzabbau im Mittelalter …

2 … und heute

Vorkommen. 50 Billiarden Tonnen Salz sind ein nahezu unerschöpflicher Vorrat in den Weltmeeren. Die Sonne ermöglicht die Salzgewinnung aus dem Meerwasser beispielsweise im Süden Italiens, auf Mallorca, den Kanarischen Inseln oder in der Bretagne.
Über Jahrmillionen haben Flüsse und Bäche ihre Salzfracht, die sich durch Auswaschen des Bodens und des Gesteins anreicherte, in den Meeren abgelagert. Nur ein Teil unseres Salzes stammt jedoch direkt aus dem Meer.
Unterirdische **Salzlagerstätten** entstanden aus Ablagerungen in einem Meer, das vor etwa 200 bis 300 Millionen Jahren auch ganz Europa bedeckte. Durch Aufwölbungen des Meeresbodens entstanden flache Meeresbecken, in denen sich beim Verdunsten des Wassers die Konzentration an Salz erhöhte. Infolge des Nachströmens von Meerwasser und weiterer Konzentrationserhöhung an Salz lagerte sich schließlich Salz auf dem Boden dieser Becken ab. Die später gänzlich abgetrennten Meeresbecken trockneten aus. Sand und Erdschichten bedeckten die Salzablagerungen. Salzschichten lagern deshalb heute in Europa in einer Tiefe zwischen 300 und 1500 m unter der Erde.
Mit dem Salz sanken auch organische Stoffe aus Wasserpflanzen und Meerestieren auf den Meeresboden. Das führte dazu, dass sich häufig Erdölvorkommen in der Nähe von Salzlagern befinden wie in Texas.
Über die größten Salzreserven verfügen die USA, aber auch Kanada und Mexiko besitzen riesige Salzvorkommen. Von England bis Sachsen reichen die so genannten Zechsteinlager aus der Formation des Perm, die in Europa die größte Bedeutung haben. Etwas jünger sind die Salzlager Frankreichs, der Schweiz, Baden-Württembergs und der deutsch-österreichischen Alpen aus der Formation der Trias.

Gewinnung. Mehr als 200 Milliarden Tonnen des „weißen Goldes“ gehören zu Deutschlands ansonsten geringen Bodenschätzen. **Steinsalz**, relativ reines Natriumchlorid, wird bergmännisch ähnlich wie Steinkohle abgebaut.
Wo das Steinsalz weniger rein ist, wird es unterirdisch gelöst. Unter die Erde gepumptes Süßwasser löst das Salz aus dem Gestein.

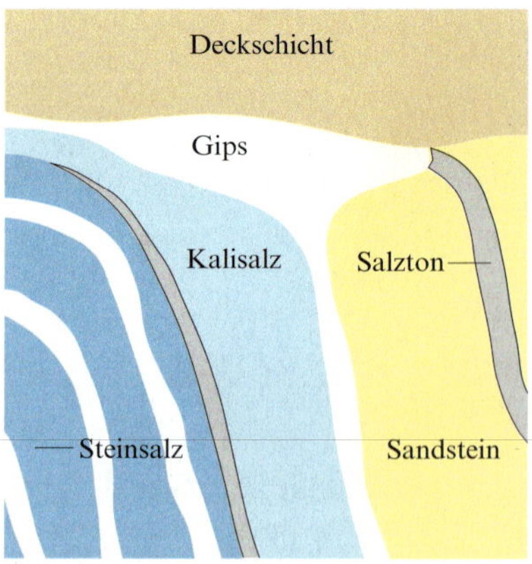

3 Aufbau einer Salzlagerstätte (schematische Darstellung)

1 Gradierwerk in einem Soleheilbad

Schon gewusst?

Im Salzbergwerk frisst sich eine Tunnelbohrmaschine mehrere hundert Meter unter der Erde mit einer Geschwindigkeit von etwa 40 cm/min durch das Salz. Nach Sprengung entstehen riesige unterirdische Kammern. Bagger und Schaufellader transportieren das Steinsalz an den Förderschacht beziehungsweise an die Erdoberfläche. Aus einer solchen Kammer können bis zu 60 000 m^3 oder 130 000 t Steinsalz gefördert werden. Das ist eine Ladung für mehr als 8 000 Lkw.

Salzhaltiges Wasser, die **Sole**, steigt nach oben und wird direkt in die **Saline** geleitet. Dort scheidet sich in riesigen Verdampfern aus der Sole reines **Siedesalz** ab. An Salzförderstätten befanden sich früher meist **Gradierwerke** zur Reinigung der Sole. Diese rieselte über Dornenreisig, ihr Salzgehalt nahm dabei zu.
In Ländern um das Mittelmeer wird das Salz des Meeres in „Salzgärten geerntet“. Das Meerwasser verdunstet durch die Sonneneinstrahlung in flach angelegten Meeresbecken.

Verwendung – nicht nur eine Geschmackssache. Der Mensch benötigt täglich 2 bis 3 g des lebenswichtigen Kochsalzes. Besonders für die Funktion der Nerven ist es unabdingbar. Eine zu hohe Salzkonzentration im Körper bewirkt dagegen Wasserentzug aus den Zellen. Anstieg der Blutmenge, Gefäßerweiterung und Bluthochdruck können die Folgen sein.
Als Speisesalz gehört es zu den am häufigsten verwendeten Würzmitteln. Auch zum Konservieren von Lebensmitteln wird Kochsalz seit altersher eingesetzt, zum Beispiel für Schinken, Fisch und Sauerkraut.
Von den in Deutschland jährlich produzierten 13 Millionen Tonnen Salz werden nur etwa 3 % als Speisesalz verwendet. Ein kleiner Teil wird für die Futtermittelherstellung als Viehsalz genutzt. Etwa 10 % werden immer noch zum Eisfreihalten von Straßen verwendet.
Der weitaus größte Teil wird in der Industrie benötigt. Aus jährlich ungefähr 10 Millionen Tonnen des relativ preiswerten Rohstoffes werden Produkte wie Chlor, Natronlauge, Salzsäure und Soda hergestellt. Ohne diese Grundchemikalien gäbe es den Kunststoff PVC, das Glas, die Waschmittel und viele Medikamente nicht.

EXPERIMENT 1 [S]
Gewinne Salz aus Sole.
Vorsicht! Schutzbrille!
Stelle eine Kochsalzlösung her und dampfe eine geringe Menge davon in einer Porzellanschale ein.
Entsorgung: Rückstand lösen, Lösung in Sammelbehälter für Abwasser.

AUFGABEN

1. Stelle einen Steckbrief für Kochsalz auf. Beschreibe die Beschaffenheit des Stoffes. Entnimm dem Tafelwerk Angaben zu diesem Stoff.
2. Schätze ab, wie viel Kochsalz du täglich zu dir nimmst. Wäge zum Vergleich 3 g Kochsalz aus.
3. Im Mittelalter blühten viele Städte durch Salzgewinnung oder Salzhandel auf. In ihren Namen deuten Silben wie -salz, -sulz, -sol oder auch -hal auf diese Quelle des Wohlstands hin. Suche im Atlas solche Orte im deutschsprachigen Raum.
4. In Leipzig gibt es die kilometerlange „Alte Salzstraße“. Was hat es mit diesem Straßennamen auf sich?
5. Salz – wertvoll wie Gold. Ermittle Geschichtliches zum Salzhandel.

Salzlösungen

1 Warum schmeckt Meerwasser salzig?

Masse von Kochsalz in 1 l Meerwasser	
Meer	Masse in g
Ostsee	15
Nordsee	30
Atlantik	35
Mittelmeer	38
Rotes Meer	40
Totes Meer	260

Natriumchlorid und andere Salze. Bei der Salzgewinnung wird Steinsalz aus unterirdischen Lagerstätten auch als Lösung zu Tage gefördert. Sein Hauptbestandteil ist **Natriumchlorid NaCl**, das bekannte lebensnotwendige Kochsalz. Es gibt eine Vielzahl weiterer dem Natriumchlorid sehr ähnliche, salzartige Stoffe, die in der Natur sogar zusammen mit dem Natriumchlorid in Salzlagerstätten vorkommen oder im Meerwasser gelöst sind. Kaliumchlorid KCl, Calciumsulfat $CaSO_4$ (Gips), Magnesiumchlorid $MgCl_2$ (Bittersalz), Magnesiumbromid $MgBr_2$, Calciumcarbonat $CaCO_3$ sind **Salze**, die im Laufe der Jahrhunderte ins Meerwasser gelangten. Auch wenn Meerwasser nur eine etwa 3%ige Salzlösung ist, hinterlässt ein „Wasser schlucken" beim Schwimmen im Meer einen unangenehm salzigen und bitterlichen Geschmack.

2 Lösen eines Salzes

EXPERIMENT 2 [S]

Erkunde die Löslichkeit verschiedener Salze in Wasser.

Gib in drei Reagenzgläser mit je 5 ml destilliertem Wasser jeweils eine Spatelspitze Natriumchlorid, Magnesiumchlorid und Calciumcarbonat. Verschließe die Reagenzgläser mit einem Stopfen und schüttle sie kräftig. Wiederhole die Zugabe der Salze so lange, bis ein Bodensatz zurück bleibt. Notiere die Anzahl der zugegebenen Stoffportionen.
Notiere deine Beobachtungen und vergleiche sie miteinander.
Erwärme die Lösungen mit dem Bodensatz in einem Wasserbad. Welchen Einfluss hat die Temperatur auf die Löslichkeit dieser Stoffe?
Entsorgung: Lösungen in Sammelbehälter für Abwasser.

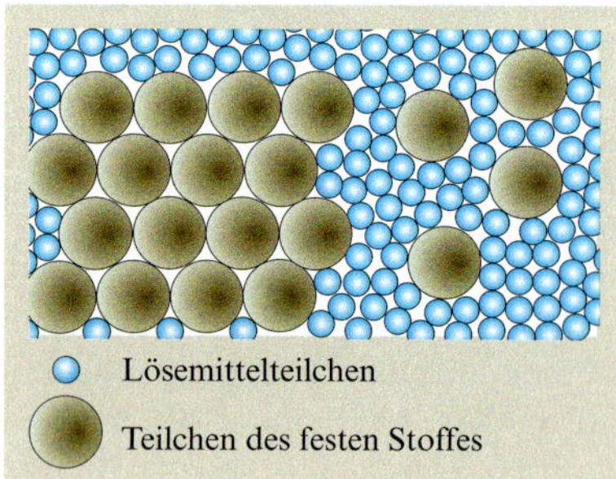

3 Modellvorstellung zum Lösen eines Salzes

EXPERIMENT 3 [S]

Vergleiche eine Salzlösung und Wasser bezüglich einer Eigenschaft.

Gib in zwei hohe Bechergläser je 200 ml Wasser. Rühre in eines der Bechergläser reichlich 40 ml Kochsalz ein. Gib ein gekochtes Ei erst in das Wasser, danach in die Salzlösung.
Notiere deine Beobachtungen. Vergleiche die Volumen vor und nach dem Lösen des Kochsalzes. Zu welcher Eigenschaft der beiden Flüssigkeiten kannst du eine Aussage machen?
Entsorgung: Ei einsammeln, Lösung in Sammelbehälter für Abwasser.

1 Ob sie „natriumarmes“ Wasser trinkt?

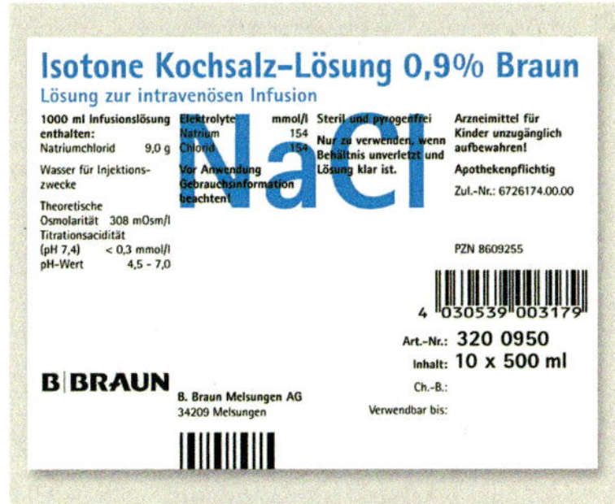

2 Etikett einer physiologischen Kochsalzlösung

Wasser als Lösemittel. Die Körperflüssigkeiten des Menschen bestehen größtenteils aus Wasser, das als Transportmittel für Nährstoffe und Abfallstoffe aus den Zellen zur Aufrechterhaltung der Lebensvorgänge dient. Unfallopfer erhalten nach starken Blutverlusten zunächst eine Infusion mit physiologischer Kochsalzlösung, die den Blutverlust vorübergehend ausgleicht und den Blutkreislauf stabilisiert.
Bei starker körperlicher Anstrengung, extremer Hitze oder intensivem Sporttraining kann ein Mensch bis zu 10 l des auf der Haut salzig schmeckenden Schweißes absondern. Das reichliche Trinken von Mineralwasser ergänzt dann die ausgeschiedenen, für den Wasser- und Mineralhaushalt vom Körper benötigten Stoffe.

Löslichkeit. Einige der untersuchten Salze lösen sich sehr gut in Wasser, andere zeigen eine weniger gute Löslichkeit. Die festen kristallinen Salze sind nach dem Lösen in der **Lösung** nicht mehr zu sehen. Das **Lösemittel** Wasser bildet mit den gelösten Stoffen ein homogenes Stoffgemisch. Auch von einem gut löslichen Stoff kann in einem gegebenen Lösemittel nur eine begrenzte Masse gelöst werden. Diese **Löslichkeit** eines Stoffes ist von Temperatur und Druck abhängig. Werden der Lösung weitere Stoffportionen zugegeben, setzen sie sich als **Bodenkörper** ab. Über dem Bodenkörper liegt eine **gesättigte Lösung** vor.

Die Löslichkeit gibt an, welche Masse eines festen Stoffes bei 20 °C und 1 013 hPa von 100 g eines Lösemittels höchstens gelöst wird.

Massenanteil und Massenkonzentration. Zur Kennzeichnung der Zusammensetzung einer Salzlösung können unterschiedliche Angaben genutzt werden.
Eine Kochsalzlösung mit einem **Massenanteil** $\boldsymbol{w}$ von 10 % Natriumchlorid enthält 10 g Natriumchlorid auf 100 g Salzlösung. Um eine solche Lösung herzustellen, müssen also 10 g Natriumchlorid in 90 g Wasser gelöst werden. Bezieht sich die Masse des gelösten Stoffes dagegen auf das Volumen der Lösung, wird die **Massenkonzentration** $\boldsymbol{\beta}$ angegeben.
Beispielsweise enthält die physiologische Kochsalzlösung 9 g Natriumchlorid auf 1 l Infusionslösung.

$w(\text{NaCl}) = 10\,\%$ $\qquad$ $\beta(\text{NaCl}) = 9\ \text{g} \cdot \text{l}^{-1}$

Angaben zur Zusammensetzung von Lösungen

Massenanteil

$$w(\text{B}) = \frac{m(\text{B})}{m(\text{Lösung})}$$

$w(\text{B})$ = Massenanteil des gelösten Stoffes B
$m(\text{B})$ = Masse des gelösten Stoffes B
$m(\text{Lösung})$ = Masse der Lösung

Massenkonzentration

$$\beta(\text{B}) = \frac{m(\text{B})}{V(\text{Lösung})}$$

$\beta(\text{B})$ = Massenkonzentration des gelösten Stoffes B
$m(\text{B})$ = Masse des gelösten Stoffes B
$V(\text{Lösung})$ = Volumen der Lösung

AUFGABEN

1. Gib eine Möglichkeit an, Trinkwasser aus Meerwasser zu gewinnen.
2. Beschreibe, wie du 400 g einer 15%igen Kochsalzlösung herstellst.
3. Vergleiche die Löslichkeit von Kochsalz und Gips (Calciumsulfat) in Wasser.

Natriumchlorid – ein aus Ionen aufgebauter Stoff

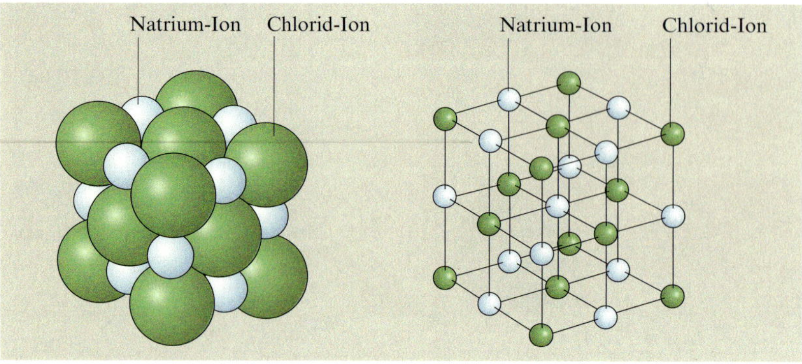

1 Modelle vom Bau des Natriumchlorids

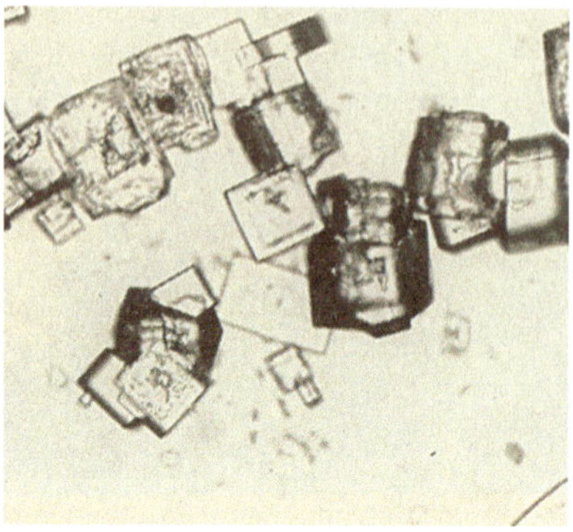

2 Natriumchloridkristalle unter dem Mikroskop

Kristalline Beschaffenheit. In Stoffproben von Natriumchlorid sind regelmäßige, würfelförmige Kristalle zu erkennen. Die harten, spröden Kristalle sind farblos, in großer Anhäufung wirken sie weiß.
Natriumchlorid löst sich gut in Wasser. Was geschieht mit den Kristallen beim Lösen?

EXPERIMENT 4 [S]
Gewinne Siedesalz aus Steinsalz.
Aus Brocken von Steinsalz oder Viehsalz, einem Gemisch aus Kochsalz, Sand und Verunreinigungen, soll Kochsalz herausgelöst werden. Plane ein Experiment, um das Stoffgemisch zu trennen und anschließend festes Kochsalz zu gewinnen.
Entsorgung: Feste Rückstände in Sammelbehälter für Hausmüll, Lösung in Sammelbehälter für Abwasser.

Ionen im Natriumchlorid. Die Gestalt der Kristalle ist auf die regelmäßige räumliche Anordnung der Teilchen im Natriumchlorid zurückzuführen. Natriumchlorid ist aus ungleichnamig elektrisch geladenen Ionen aufgebaut. Einfach positiv elektrisch geladene Natrium-Ionen und einfach negativ elektrisch geladene Chlorid-Ionen sind die Teilchen des Natriumchlorids.
Wie bereits bekannt, leitet Natriumchloridlösung den elektrischen Strom (↗ S. 54), Natriumchloridkristalle und destilliertes Wasser dagegen nicht.

EXPERIMENT 5 [S]
Prüfe Natriumchlorid auf elektrische Leitfähigkeit.
Ermittle mithilfe eines Leitfähigkeitsprüfers, ob festes Natriumchlorid den elektrischen Strom leitet. Prüfe einen möglichst großen Salzkristall. Achte darauf, dass die benutzten Materialien trocken sind.
Entsorgung: Natriumchlorid einsammeln, wird wieder verwendet.

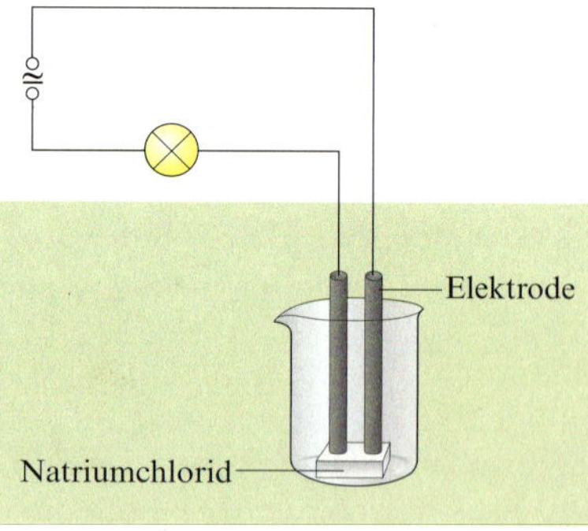

Auch das feste Natriumchlorid enthält Ladungsträger. Aber die Ionen sind anders als bei der Lösung regelmäßig fest gefügt im Kristall angeordnet und nicht frei beweglich. Jedes Natrium-Ion ist im Kristall von 6 Chlorid-Ionen und jedes Chlorid-Ion von 6 Natrium-Ionen umgeben.

Ionengitter. Da die Natrium-Ionen und die Chlorid-Ionen ungleichnamig elektrisch geladen sind, ziehen sie einander an. Starke Anziehungskräfte halten sie in dieser regelmäßigen Anordnung zusammen. Elektrische Leitfähigkeit setzt jedoch bewegliche Ladungsträger voraus.

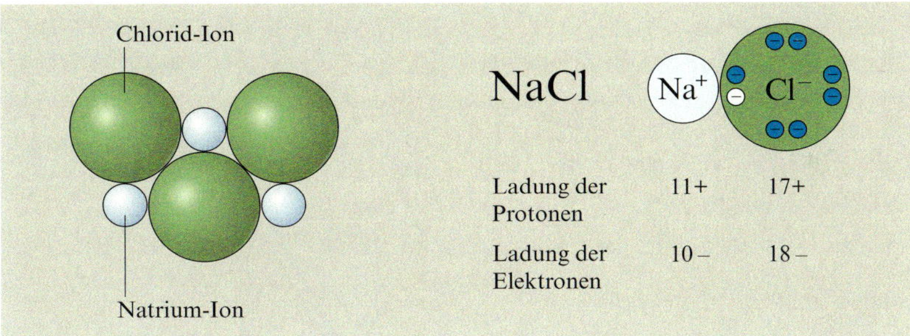

1 Ionen im Natriumchlorid

Die regelmäßige Anordnung der Ionen wie in Natriumchloridkristallen wird **Ionengitter** genannt. Die Ionen sitzen fest an ihren Plätzen im Ionengitter. Deshalb sind auch die Kristalle so hart.
Der starke Zusammenhalt der Ionen im Ionengitter ist auch der Grund, weshalb festes Natriumchlorid den elektrischen Strom nicht leitet, obwohl es aus elektrisch geladenen Teilchen aufgebaut ist. Die Ladungsträger können sich im Kristall nicht frei bewegen.

Chemische Bindung zwischen Ionen. Der Zusammenhalt der Ionen im Natriumchlorid wird durch ihre **chemische Bindung** bewirkt. Diese chemische Bindung zwischen den Teilchen wird als Ionenbindung bezeichnet. Natrium-Ionen und Chlorid-Ionen sind im Natriumchlorid durch **Ionenbindung** gebunden.
Neben dem Natriumchlorid gibt es eine Vielzahl weiterer Stoffe, die aus positiv und negativ elektrisch geladenen Ionen aufgebaut sind. Alle diese Stoffe gehören zu den **Ionensubstanzen**. Natriumchlorid ist eine Ionensubstanz.

> Die Ionenbindung ist eine Art der chemischen Bindung, die durch Anziehungskräfte zwischen ungleichnamig elektrisch geladenen Ionen bewirkt wird.
> Ionensubstanzen sind salzartige, aus Ionen aufgebaute Stoffe.

Chemische Zeichen für Ionen. Bei den chemischen Zeichen für die positiv oder negativ elektrisch geladenen Ionen wird die Art und die Anzahl der elektrischen Ladungen oben rechts am Symbol des jeweiligen Elements angegeben. Das chemische Zeichen Na^+ kennzeichnet ein einfach positiv elektrisch geladenes Natrium-Ion. Das Magnesium-Ion Mg^{2+} besitzt zwei positive elektrische Ladungen. Chlorid-Ionen Cl^- sind stets einfach negativ elektrisch geladen.

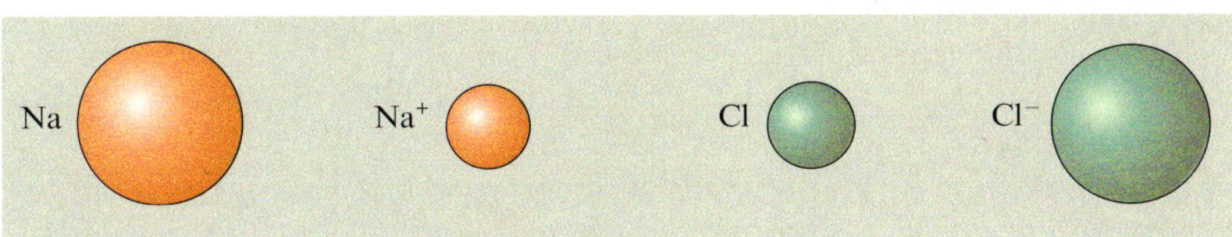

2 Atome und Ionen im Größenvergleich

Schon gewusst?

Kristalle gibt es in der Natur in vielen Formen und Farben, oft auch bei Stoffen, die nicht aus Ionen bestehen.
Symmetrie in der Natur – am kostbaren Edelstein ebenso zu bewundern wie an schnell vergänglichen Eiskristallen.

AUFGABEN

1. Vergleiche die Teilchen, aus denen Natriumchlorid aufgebaut ist.
2. Erläutere, weshalb Magnesium-Ionen zweifach positiv, Chlorid-Ionen dagegen einfach negativ elektrisch geladen sind.
3. Die Atomhülle eines Natrium-Ions gleicht der eines Edelgasatoms. Erläutere.

Gruppen-
arbeit

Wir ermitteln Eigenschaften verschiedener Salze

Die Eigenschaften von Natriumchlorid sind uns bekannt. Sein Vorkommen in den Weltmeeren können wir mit seiner guten Löslichkeit in Wasser erklären. Weisen Stoffe, die als Gewürzsalze, Nährsalze, Mineralsalze, Düngesalze verwendet werden, ähnliche Eigenschaften wie unser Kochsalz auf? Gelingt es aufgrund von Ähnlichkeiten im Bau jener Stoffe auch Ähnlichkeiten bezüglich ihrer Eigenschaften nachzuweisen?

EXPERIMENT 1 [S]
Untersuche die Beschaffenheit verschiedener Salze.
Betrachte Proben von verschiedenen Küchensalzen sowie von Kaliumchlorid und Magnesiumchlorid auch mit der Lupe.
Notiere alle feststellbaren Eigenschaften.

EXPERIMENT 2 [S]
Prüfe die Härte verschiedener Salze.
Untersuche, ob sich die Kristalle von Natriumchlorid und eines Kaliumsalzes durch Krafteinwirkung eines Schlages verformen lassen.
Prüfe zum Vergleich ein Stück Zinn oder Blei.
Beschreibe deine Beobachtungen.

EXPERIMENT 3 [S]
Untersuche die Löslichkeit verschiedener Salze.
Gib in drei Reagenzgläser mit etwa 5ml destilliertem Wasser jeweils spatelspitzenweise gleich große Portionen von Kaliumchlorid, vom Düngesalz Kaliumnitrat und von Magnesiumchlorid.
Wiederhole die Zugabe der Salze so lange, bis auch nach Schütteln ein Bodensatz zurückbleibt.
Prüfe die Lösungen anschließend auf elektrische Leitfähigkeit. Notiere die zugegebenen Stoffportionen. Vergleiche die Löslichkeit der Salze. Triff eine Aussage über die elektrische Leitfähigkeit der Lösungen.

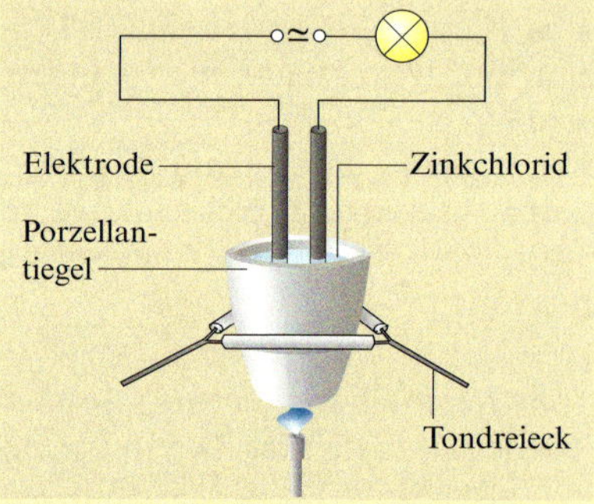

1 Prüfen der elektrischen Leitfähigkeit einer Schmelze

EXPERIMENT 4 [S]

Prüfe eine Salzschmelze auf elektrische Leitfähigkeit.
Vorsicht! Nur unter Aufsicht arbeiten!
Erhitze Zinkchlorid (C, N) in einem Porzellantiegel bis zum Schmelzen. Tauche in die Schmelze einen Leitfähigkeitsprüfer.
Prüfe die erstarrte Schmelze erneut auf elektrische Leitfähigkeit.
Erkläre deine Beobachtungen.

Entsorgung

Metalle wieder einsammeln.
Feste Salze in Wasser lösen.
Lösungen in Sammelbehälter für Abwasser.

AUFTRÄGE

1. Stellt die Experimentergebnisse tabellarisch zusammen. Versucht eine Erklärung für die ermittelten Eigenschaften zu geben. Geht davon aus, dass die untersuchten Stoffe aus Ionen aufgebaut sind, die durch Ionenbindung gebunden sind.
2. Informiert euch über die Funktionsweise eines Gradierwerkes.
3. Plant ein Experiment, wie aus Salzwasser Süßwasser gewonnen werden könnte. Schlagt ein geeignetes Trennverfahren vor.

Metallhalogenide – Ionensubstanzen

1 Kristalle von Calciumfluorid und Kaliumchlorid

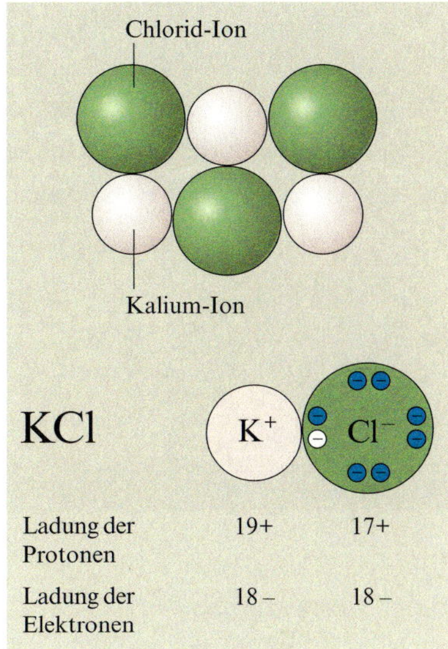

2 Ionen im Kaliumchlorid

Bedeutung einiger Salze. Salz ist nicht gleich Salz! Nicht nur das Natriumchlorid ist Bestandteil des Speisesalzes oder wichtiger Arzneimittel. Der Gebrauch von iodiertem Speisesalz mit Zusatz von 0,04 bis 0,06% eines **Fluorids** verbessert die Versorgung des Menschen mit den Elementen Iod und Fluor. Letzteres benötigt der Mensch zum Aufbau des Knochenskeletts. Deshalb wird Natriumfluorid auch dem Trinkwasser zugesetzt. Zahncremes enthalten Fluoride, um der Erkrankung durch Karies vorzubeugen. **Iodide** beugen Schilddrüsenerkrankungen vor. Störungen der Herz- und Kreislauftätigkeit sowie des Körperwachstums wären die schädlichen Folgen von Funktionsstörungen der Schilddrüse. **Kaliumchlorid** enthält mit den Kalium-Ionen einen der Hauptpflanzennährstoffe. Es ist deshalb Bestandteil von Mineraldüngern.

Ionen und Ionenbindung bei Metallhalogeniden. In den Salzlagerstätten finden sich neben dem bekannten Steinsalz (Halit) auch Kaliumchlorid (Sylvin) oder Calciumfluorid (Flussspat). Diese natürlich vorkommenden Mineralien sind Verbindungen aus Metallen und den Halogenen Fluor, Chlor, Brom oder Iod, so genannte **Metallhalogenide**. Die Kristalle dieser Mineralien bestehen wie beim Natriumchlorid aus einer riesengroßen Anzahl von Ionen. Positiv elektrisch geladene Metall-Ionen und negativ elektrisch geladene Chlorid-, Bromid- oder Iodid-Ionen ziehen sich gegenseitig an. Mit jeweils einer Achterschale (Edelgasschale) als Außenschale weisen beide Ionenarten eine stabile Elektronenanordnung auf. Die Ionen halten im Kristall durch Ionenbindung zusammen.

Elektrische Ladung von Ionen – Formeln von Halogeniden. Da die Salze große Teilchenverbände aus Ionen bilden, geben die Formeln jeweils nur das kleinstmögliche Zahlenverhältnis dieser Ionen an. Die Formel eines Salzes kennzeichnet folglich nur die kleinste **Baueinheit**. Die Anzahl der Ionen einer Baueinheit wird als tiefgestellte Zahl hinter dem Symbol des Elements angegeben. Die Ladungen der Ionen einer Baueinheit gleichen sich aus und werden deshalb in der Formel nicht angegeben.

Aussagen aus Formeln von Metallhalogeniden

Formel	Name	Zusammensetzung aus den Elementen	Zahlenverhältnis der Ionen in der Baueinheit
KCl	Kaliumchlorid	Kalium, Chlor	$K^+ : Cl^- = 1:1$
$CaBr_2$	Calciumbromid	Calcium, Brom	$Ca^{2+} : Br^- = 1:2$
$AlCl_3$	Aluminiumchlorid	Aluminium, Chlor	$Al^{3+} : Cl^- = 1:3$

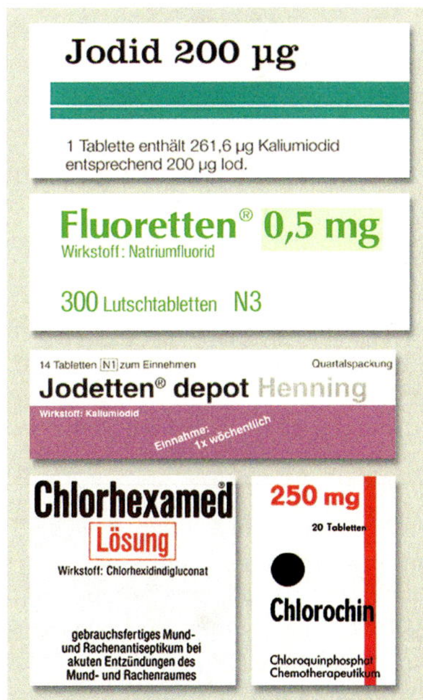

3 Verbindungen der Halogene in Medikamenten

Bau und Eigenschaften von Salzen

1 Assalsee

Schon gewusst?

Das wohl salzigste Gewässer der Erde ist der Assalsee mit einem Salzgehalt von 34,8 %. An seinen Ufern in einem entlegenen Wüstengebiet Ostafrikas verkrusten würflige Salzkristalle zu meterdicken Platten.

Einige Eigenschaften von Salzen. Nach dem experimentellen Untersuchen der Salze könnt ihr jetzt einige Eigenschaften aus deren Bau erklären. Die kristalline Beschaffenheit ist meist mit bloßem Auge sichtbar. Die durch Ionenbindung zusammengehaltenen Ionen bilden Kristalle, die regelmäßige Formen zeigen.

Die harten Kristalle der Salze lassen sich nicht so verformen wie beispielsweise Metalle. Beim Einwirken einer Kraft auf die Salzkristalle verschieben sich die Ionenschichten gegeneinander. Die Ionenbindung wird überwunden, es stehen sich gleichnamig geladene Ionen gegenüber, die sich gegenseitig abstoßen. Der spröde Kristall zerspringt.

Feste, aus Ionen aufgebaute Stoffe haben im Allgemeinen hohe Schmelztemperaturen. Beim Schmelzen der Salze muss die Ionenbindung überwunden werden. Bei Erwärmung schwingen die Ionen immer stärker im Ionengitter. Schließlich verlassen sie ihre Plätze, das Ionengitter wird zerstört. Die Ionen sind in der Schmelze frei beweglich, ein Grund für deren elektrische Leitfähigkeit.

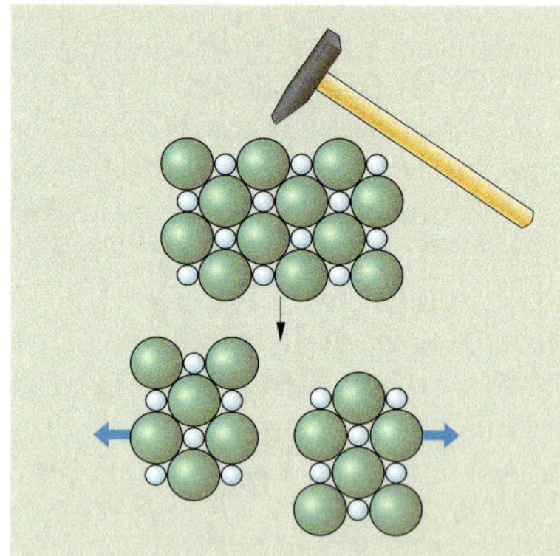

2 Ionenkristalle sind spröde (Modell).

Ionensubstanzen sind kristallin, spröde und haben meist eine hohe Schmelztemperatur.

Schmelztemperaturen einiger Ionensubstanzen

Name der Ionensubstanz	Schmelztemperatur in °C
Bariumchlorid	963
Magnesiumchlorid	712
Natriumfluorid	992

Was geschieht beim Lösen einer Ionensubstanz? In der Natur, vor allem auch im Boden, werden Salze mehr oder weniger rasch in Wasser gelöst. Als Pflanzennährstoffe eingesetzte Mineralsalze werden für die Pflanzen erst verfügbar, wenn die Nährstoffe Kalium, Phosphor, Stickstoff, Calcium oder Magnesium als Ionen oder in Ionen gebunden vorliegen. Auch wenn sich Salzkristalle sichtbar leicht in Wasser lösen, muss zum Abbau des Ionengitters Energie aufgewendet werden. Die Ionenbindung wird nur unter Energieaufwand gespalten. Der scheinbare Widerspruch kann damit erklärt werden, dass die elektrisch geladenen Ionen Wassermoleküle anziehen und sich jeweils mit einer Hülle aus Wassermolekülen umgeben. Bei diesem Vorgang, der **Hydratation**, wird Wärme an die Umgebung abgegeben. Diese Wärme reicht oft aus, um die Ionenbindung im Kristall zu überwinden.

Die von einer Hülle aus Wassermolekülen umgebenen **hydratisierten Ionen** sind in der Lösung frei beweglich.

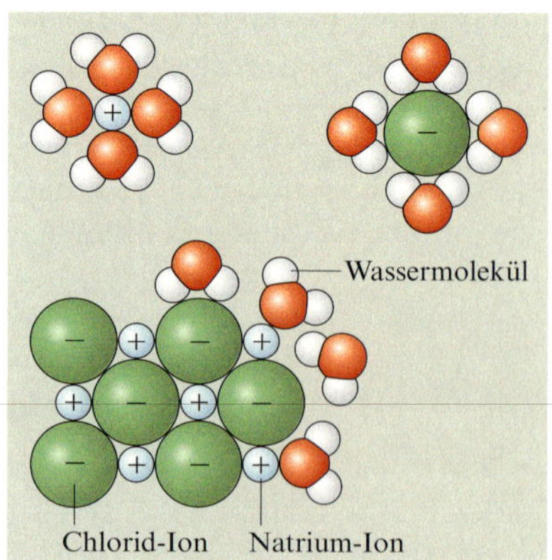

3 Modell zum Lösen eines Salzes

Ionen in Reaktionsgleichungen. Die Lösung einer Ionensubstanz hat andere Eigenschaften als das feste Salz. Beim Lösen finden Energieumwandlungen statt. Teilchen ordnen sich um. Warum sollte man diesen Vorgang nicht wie eine chemische Reaktion betrachten?
Das Lösen von Ionensubstanzen, z. B. von Natriumchlorid, lässt sich durch Wortgleichungen darstellen.

Natriumchlorid + Wasser ⟶ Natriumchloridlösung

In einer Reaktionsgleichung für diesen Vorgang, der auch als **Dissoziation** (lat. dissociare – trennen) bezeichnet wird, verzichtet man oft auf die Angabe des Wassers. Es werden nur die Formel des festen Ausgangsstoffes und die chemischen Zeichen der in der Lösung vorliegenden Ionen angegeben. Solche Reaktionsgleichungen sind **Ionengleichungen**.

$$NaCl \longrightarrow Na^+ + Cl^-$$

Es ist darauf zu achten, dass das Verhältnis der Ionen im Ionenkristall berücksichtigt wird. Die Anzahl der positiven elektrischen Ladungen muss in der Ionengleichung gleich der Anzahl der negativen elektrischen Ladungen sein.

$$CaCl_2 \longrightarrow Ca^{2+} + 2\ Cl^-$$

Von Siedepfannen und Salzgärten. Festes Salz, in der Saline produziert, bleibt aus der Sole von Salzbergwerken zurück. Aus Meerwasser gewonnen, in Salzgärten geerntet, lagert kristallines Salz an Meeresküsten.

EXPERIMENT 6 [S]
Dampfe Lösungen von Salzen ein.
Vorsicht! Schutzbrille! Erhitze je 2 ml einer gesättigten Natriumchloridlösung und Kaliumchloridlösung in jeweils einer Porzellanschale.
Betrachte den Rückstand mit einer Lupe.
Entwickle Reakionsgleichungen.
Entsorgung: Rückstände in Wasser lösen, Lösungen in Sammelbehälter für Abwasser.

Festes Salz bleibt nach dem Eindampfen der Lösungen zurück. Die Lösung wird durch den Entzug von Wasser eingeengt. Es sind nicht mehr alle Ionen von einer Hülle aus Wassermolekülen umgeben. Die Anziehungskräfte der ungleichnamig elektrisch geladenen Ionen wirken nun so stark, dass sich diese wieder regelmäßig zum Ionengitter anordnen und durch Ionenbindung zusammengehalten werden. Kristalle entstehen, die für das Natriumchlorid immer würfelförmig sind.
Die Ionengleichung dafür lautet:

$$Na^+ + Cl^- \longrightarrow NaCl$$

Dieser Vorgang verläuft umgekehrt zum Lösen von Salzen.

Der Abbau von Ionengittern beim Lösen von Salzen und der Aufbau von Ionengittern beim Eindampfen ihrer Lösungen sind einander entgegengesetzt verlaufende Vorgänge.

Schon gewusst?

Natrium und Kalium gelten als „Gegenspieler“ im menschlichen Organismus. Mit zu kochsalzreicher Kost wird Wasser im Gewebe angestaut. Kartoffeln, Reis, Blumenkohl, Spinat oder Nüsse sind dagegen gute Kaliumlieferanten. Kaliumreiche Ernährung und natriumarmes Mineralwasser – gut für die Gesundheit. Aber falsch ausgedrückt aus chemischer Sicht?!

1 Salzgewinnung aus Meerwasser

AUFGABEN

1. Entwickle die Reaktionsgleichung für das Lösen von Kupfer(II)-chlorid (Formel $CuCl_2$).
2. Gib die chemischen Zeichen für die Ionen der Elemente Aluminium, Brom, Calcium, Lithium und Sauerstoff an.
   Begründe die elektrische Ladung dieser Ionen.
3. Ein Quellfluss der Weser, die durch Thüringen fließende Werra, war in den 70er und 80er Jahren des 20. Jhs. stark „versalzt“. Erkläre diese Erscheinung. Welche Folgen waren damit verbunden?
4. In Dampfbügeleisen soll entsalztes Wasser verwendet werden. Begründe!

Gruppenarbeit

Kristalle – selbst gezüchtet

Kristalle aus Mineraliensammlungen erscheinen oft groß, regelmäßig, farblos oder farbig, lichtbrechend und durchscheinend. Kristalle – in der Natur in Jahrhunderten gewachsen.
Im Labor und in der Industrie werden in wesentlich kürzerer Zeit Kristalle erzeugt, die z. B. für die Chipherstellung und in der Lasertechnik benötigt werden. Dabei gelingt es bezüglich der Reinheit der Kristalle die Naturprozesse sogar zu übertreffen.
Wie gelingt es, Kristalle zu züchten? Mit etwas Geduld und Sorgfalt ist es euch möglich, Kristalle selbst wachsen zu lassen.

1 Gezüchteter Kupfersulfatkristall

EXPERIMENT 1 [S] O Xn N

Züchte Kristallkeime aus Lösungen.
Gib jeweils eine bestimmte Stoffportion eines Salzes in Bechergläser, die mit 100 ml Wasser gefüllt sind.
Stelle Lösungen mit 40 g Kupfersulfat (Xn, N), mit 15 g Kaliumalaun (Kaliumaluminiumsulfat), mit 40 g Chromalaun (Kaliumchromsulfat) oder mit 70 g Kaliumnitrat (O) her.
Erwärme diese Lösungen auf etwa 50 °C, filtriere diese und gieße sie zum Abkühlen in gut gereinigte Petrischalen. Diese müssen nun für mehrere Stunden erschütterungsfrei und kühl stehen.
Nimm die schönsten der entstandenen Kristalle mit einer Pinzette aus der Lösung. Diese Kristalle werden als Kristallkeime für das Züchten großer Kristalle verwendet (Experiment 2).

2 Ein Kristall wird gezüchtet.

EXPERIMENT 2 [S] O Xn N

Züchte Einzelkristalle.
Knote jeweils einzelne Kristallkeime (Experiment 1) an Schlingen von dünnen Perlon®-Fäden.
Bereite Lösungen für die Züchtung großer Kristalle in gleicher Weise wie in Experiment 1 vor. Die warmen, filtrierten Lösungen dürfen auf keinen Fall einen Bodensatz enthalten. Hänge jeden an einem Perlon®-Faden befestigten Kristallkeim mithilfe eines Holz- oder Glasstabes mitten in die zugehörige Lösung. Das Becherglas ist erschütterungsfrei und kühl abzustellen.
Später kann der fertige Kristall zum Schutz gegen Feuchtigkeit und Berührung mit farblosem Nagellack überzogen werden.

Entsorgung

Kristalle einsammeln und in der Chemikaliensammlung aufbewahren.
Lösungen in Sammelbehälter I geben.

AUFTRÄGE

1. Findet kristalline Stoffe in der Chemikaliensammlung der Schule.
   Sucht mit Unterstützung der Chemielehrerin oder des Chemielehrers aus der Chemikaliensammlung Stoffe von kristalliner Beschaffenheit heraus. Betrachtet einzelne Kristalle auch mit der Lupe. Notiert die Namen und möglichst auch die Formeln der Stoffe.
   Ermittelt mithilfe des Tafelwerkes weitere Eigenschaften der Stoffe.
2. Beschreibt die selbst gezüchteten Kristalle.
   Beschreibt das Aussehen und zeichnet die Form der Kristalle. Versucht herauszufinden, welche geometrischen Körper die Kristalle bilden.
3. Erkundet, wo Mineralien zu besichtigen sind.
   Informiert euch, ob in der Nähe eures Schulortes in einem Heimatmuseum, einem Naturkundemuseum oder in einer naturwissenschaftlichen Sammlung Mineralien ausgestellt sind. Plant eine Besichtigung einer solchen Mineraliensammlung.

Aus der Welt der Chemie

Die wunderbare Welt der Kristalle

Kristalle – Schätze aus dem Schoß der Erde. Seit Jahrhunderten werden 60 bis 80 verschiedene der etwa 2 500 bekannten Minerale als besonders edel angesehen. Die Edelsteine werden zu Schmuck verarbeitet oder aus Freude an ihren außergewöhnlichen Farben und Formen gesammelt. In der Geschichte galten sie als Symbol von Macht und Reichtum, ihnen wurden sogar mystische Kräfte zugeschrieben.

Calcit

Hämatit

Smaragd

Achat

Türkis

Gips – Marienglas

Topas

Pyrit

Schwefel

Diamanten aus Minen Südafrikas, Rubine und Saphire aus den Dschungeln Südasiens, Smaragde Südamerikas – von Legenden umwobene Steine. Insider wissen: eigentlich nur Kohlenstoff, Aluminiumoxid, Siliciumverbindungen oder auch Salze.

ZUSAMMENFASSUNG

Kochsalz (Natriumchlorid)

Für den menschlichen Körper lebenswichtiger Stoff, der in großen Salzlagerstätten und im Meerwasser gelöst vorkommt.
Seine harten, spröden, würfelförmigen Kristalle besitzen eine hohe Schmelztemperatur. Kochsalz löst sich gut in Wasser und wird als Würzmittel, Konservierungsmittel und Rohstoff für die chemische Industrie verwendet.
Natriumchlorid ist aus einfach positiv elektrisch geladenen Natrium-Ionen und einfach negativ elektrisch geladenen Chlorid-Ionen aufgebaut, die im Ionengitter regelmäßig geordnet und durch Ionenbindung chemisch gebunden sind.

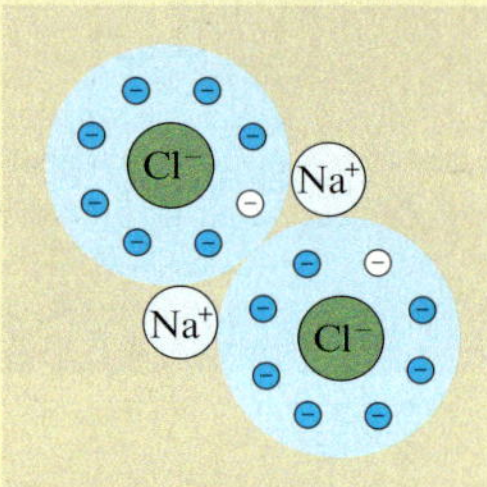

Salze

Es sind harte und spröde kristalline Stoffe, die meist eine hohe Schmelztemperatur haben. Im festen Zustand leiten sie den elektrischen Strom nicht, ihre Schmelzen und wässrigen Lösungen leiten dagegen den elektrischen Strom.

Bau von Salzen

Salze sind Ionensubstanzen, die aus positiv elektrisch geladenen Metall-Ionen und negativ elektrisch geladenen Ionen aufgebaut sind. Zwischen den ungleichnamig geladenen Ionen liegt Ionenbindung vor. Die Ionen sind in einem Ionengitter regelmäßig angeordnet.

Ionen

Positiv oder negativ elektrisch geladene Teilchen in der Größenordnung von Atomen.
Chemische Zeichen für Ionen enthalten die Art und die Anzahl elektrischer Ladungen oben rechts am Symbol, z. B. Ca^{2+}, Cl^-.

Ionenbindung

Art der chemischen Bindung, die durch Anziehungskräfte zwischen ungleichnamig elektrisch geladenen Ionen bewirkt wird.

Ionengitter

Modellvorstellung zur regelmäßigen Anordnung der Ionen in Ionenkristallen.

Ionengleichung

Reaktionsgleichung, in der die reagierenden Ionen angegeben sind, z. B. für das Lösen eines Salzes bzw. das Eindampfen einer Salzlösung.

$NaCl \longrightarrow Na^+ + Cl^-$ $\qquad$ $Na^+ + Cl^- \longrightarrow NaCl$

Chemische Reaktionen von Metallen mit Nichtmetallen

Wunderkerzen – gleißendes Licht und Funkensprühen.
Magnesium verbrennt im Sauerstoff der Luft. Eisenteile überziehen sich unter dem Einfluss von Sauerstoff und Feuchtigkeit mit einer rotbraunen porösen Rostschicht.
Natriumchlorid, unser Kochsalz, ist eine Verbindung aus den Elementen Natrium und Chlor. Lässt sich aus diesen Elementen Natriumchlorid synthetisieren?

- Was geschieht bei der chemischen Reaktion eines Metalls mit einem Nichtmetall?
- Wie können wir die Bildung von Metallchloriden, -bromiden, -oxiden und -sulfiden erklären?
- Wie hilft dabei das Periodensystem der Elemente?

Alkalimetalle

1 Lithium, Natrium und Kalium sind Alkalimetalle.

Aus dem Periodensystem ist bekannt, dass die Elemente, aus denen Kochsalz besteht, jeweils zu einer „Elementfamilie“ gehören. Natrium ist ein Alkalimetall und Chlor ein Halogen. Betrachten wir zunächst Alkalimetalle und Halogene als mögliche Ausgangsstoffe chemischer Reaktionen.

Natrium – typisches Metall. Obgleich Natrium eines der häufigsten Elemente der Erdrinde ist, kennen viele Menschen das Metall Natrium nicht. Verbindungen des Natriums, wie Kochsalz oder Natron, begegnen uns aber täglich. Wie aus dem Periodensystem ableitbar, besitzt Natrium die typischen Eigenschaften eines Metalls. Es ist silberglänzend und ein guter elektrischer Leiter und Wärmeleiter. Natrium gehört zu den Leichtmetallen und ist so weich, dass es mit dem Messer schneidbar ist. Gegenüber Sauerstoff und Wasser ist Natrium sehr reaktionsfreudig. Deshalb wird es, geschützt vor Luft und Feuchtigkeit, z. B. unter Paraffinöl, aufbewahrt.

Wer gehört noch zur Familie? Als ein Element der I. Hauptgruppe des Periodensystems gehört Natrium wie auch **Lithium, Kalium, Rubidium** und **Caesium** zur Elementfamilie der **Alkalimetalle**. Die Atome der Alkalimetalle haben jeweils ein Außenelektron. Aus den Atomen können leicht einfach positiv elektrisch geladene Ionen gebildet werden. Darauf beruht auch die große Reaktionsfähigkeit der Alkalimetalle. Zur Aufbewahrung werden Rubidium und Caesium deshalb sogar in luftleeren Glasampullen eingeschmolzen. Trotz guter Übereinstimmung der **Gruppeneigenschaften** der Alkalimetalle gibt es innerhalb der Gruppe auch deutliche Abstufungen. So nehmen die Härte, die Schmelz- und Siedetemperatur von Lithium zum Caesium hin ab. Dichte und Reaktionsfähigkeit nehmen dagegen zu. Alle Alkalimetalle reagieren bereits bei Raumtemperatur mit Sauerstoff, daher kommen die Alkalimetalle in der Natur nur in Verbindungen vor. Besonders auffällig ist die Erscheinung, dass die Alkalimetalle und ihre Verbindungen eine Brennerflamme färben. Die Erscheinung der Flammenfärbung wird zum Nachweis der Alkalimetalle genutzt.

EXPERIMENT 1 [S]
Untersuche die Flammenfärbung von Alkalimetallen.
Tauche ein Magnesiastäbchen in konzentrierte Salzsäure (C) und glühe es aus. Bringe mit dem Magnesiastäbchen Proben von Lithiumchlorid (Xn) in die nicht leuchtende Brennerflamme. Wiederhole das Experiment mit Kalium- und Natriumchlorid. Notiere deine Beobachtungen.
Entsorgung: Feststoffe in Sammelbehälter für Hausmüll.

EXPERIMENT 2 [L]
Reaktion von Natrium mit Wasser.
Vorsicht! Schutzbrille! Schutzscheibe!
Ein sorgfältig entrindetes, erbsengroßes Stück Natrium (F, C) wird in eine runde saubere Kristallisierschale auf Wasser gegeben, dem einige Tropfen Spülmittel zugesetzt wurden.

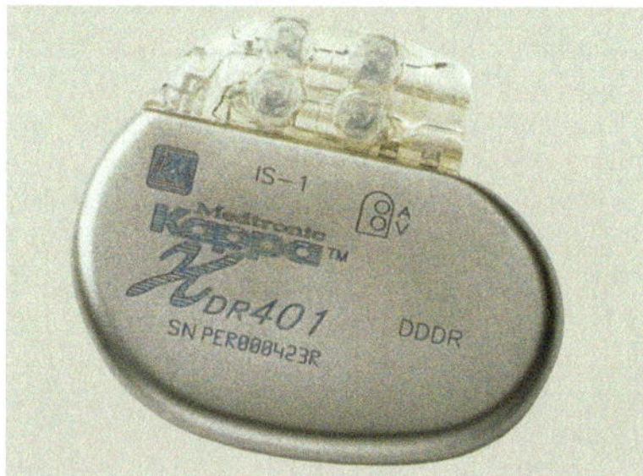

2 Herzschrittmacher mit Lithiumbatterie

1 Flammenfärbungen durch Verbindungen der Alkalimetalle Lithium, Natrium, Kalium, Rubidium und Caesium

Schon gewusst?

Der Name Alkalimetalle für die Elemente der I. Hauptgruppe des Periodensystems stammt aus dem Arabischen. Asche, die beim Verbrennen von Pflanzen zurückblieb, wurde „al-kali“ genannt. Sie enthielt vor allem Natrium- und Kaliumverbindungen. Schon 3 000 Jahre v. Chr. konnten die Ägypter aus „al-kali“ Seife und Glas herstellen.

Eigenschaften der Alkalimetalle

Name und Symbol des Elements	Lithium Li	Natrium Na	Kalium K	Rubidium Rb	Caesium Cs
Flammenfärbung	rot	gelb	rotviolett	dunkelrot	blauviolett
Schmelztemperatur in °C	180	98	64	38,9	28,4
Siedetemperatur in °C	1372	892	760	688	679
Dichte in g/cm^3	0,534	0,97	0,86	1,53	1,88
Härte (nach Mohs)	0,6	0,4	0,5	0,3	0,2
Reaktivität mit Wasser	———	———	nimmt zu	———→	

Bedeutung. Zur Straßenbeleuchtung wird Natrium in Natriumdampflampen eingesetzt. Ihr gelbes Licht durchdringt Nebel besonders gut. In den vom Menschen täglich benötigten 2 bis 3 g Kochsalz sind die vorhandenen Natrium-Ionen für die Funktion der Nerven und Muskeln lebenswichtig. Die Namen verschiedener Natrium-Ionen enthaltender Verbindungen finden sich auch auf Zahnpasta-, Backpulver-, Waschmittel- und Rohrreiniger-Verpackungen.
Lithium findet in langlebigen Batterien für Herzschrittmacher, aber auch z. B. für Mobiltelefone Verwendung. Eine Lithiumverbindung wird in Atemfiltern zur Absorption von Kohlenstoffdioxid eingesetzt.
Verbindungen des Elements Kalium sind wichtig für die Glas- und Düngemittelindustrie, zählen doch Kalium-Ionen zu den von Pflanzen benötigten Nährstoffen.
Rubidium- und Caesium-Ionen kommen zusammen mit Natrium-Ionen geringfügig in natürlichen Mineralwässern vor. Metallisches Rubidium und ebenso Caesium werden in Solarzellen verarbeitet.

2 Straßenbeleuchtung mit Natriumdampflampen

AUFGABEN

1. Vergleiche die Eigenschaften der Alkalimetalle. Notiere insbesondere die Eigenschaften, die diese Elemente als Metalle charakterisieren.
2. Beschreibe den Atombau von Lithium und von Kalium.
3. Begründe die Art und Anzahl der elektrischen Ladungen für die Ionen von Alkalimetallen.
4. Alkalimetalle werden unter einer Flüssigkeit aufbewahrt. Welchen Grund gibt es dafür? Nenne eine solche Flüssigkeit. Begründe deine Aussage.

Halogene

1 Chlor

2 Brom

3 Iod

Halogene – die Salzbildner. Fluor, Chlor, Brom und **Iod** sind die Elemente der VII. Hauptgruppe des Periodensystems, die gemeinsam als Halogene bezeichnet werden. Die Bezeichnung deutet darauf hin, dass diese in der Natur nur in ihren Verbindungen vorkommenden nichtmetallischen Stoffe bei chemischen Reaktionen Salze bilden (griech. hals – Salz; gennan – bilden) können. Das bekannteste Salz ist das Natriumchlorid, unser Kochsalz.

Gruppeneigenschaften bei Halogenen. Alle Halogene sind sehr giftige, ätzend wirkende Stoffe. Sie sind starke Atemgifte mit einem stechenden Geruch.

Fluor ist ein schwach grünliches Gas, das schon bei Raumtemperatur mit vielen Stoffen unter Flammenerscheinung reagiert. Das gasförmige Chlor ist von gelbgrüner Farbe (griech. chloros – gelbgrün). Brom, eine dunkelrotbraune Flüssigkeit von erstickendem, unangenehmem (griech. bromos – Gestank) Geruch, verflüchtigt sich leicht und entwickelt rotbraune Dämpfe. Es ist das einzige flüssige Nichtmetall unter den Bedingungen des Normzustands. Brom selbst ist ähnlich wie Chlor in Wasser löslich, wobei das braune Bromwasser entsteht.

Die grauschwarz glänzenden Kristalle des Iods gehen beim Erwärmen direkt in blauvioletten Dampf (griech. ioeides – veilchenfarbig) über. Iod sublimiert.

4 Bleichende Wirkung von Chlor. Als Bleichmittel wird es wegen seiner Giftigkeit weitgehend durch andere Stoffe ersetzt.

Halogene – eine Elementgruppe im Periodensystem

Element	Fluor	Chlor	Brom	Iod
Schmelztemperatur in °C	–220	–101	–7	114
Siedetemperatur in °C	–188	–35	58	183
Farbe bei 0 °C	schwach grünlich	grüngelb	dunkelrotbraun	grauschwarz glänzend
Farbe im Gaszustand	schwach grünlich	grüngelb	dunkelrotbraun	blauviolett
Löslichkeit in Wasser	reagiert mit Wasser	mäßig	mäßig	schlecht
Dichte als Gas in g/l	1,7	3,2	7,2	11,3
Reaktionsfähigkeit	← zunehmend heftiger			

Schulklasse im Bad vergiftet

Opfer eines „Versehens“, so das Bäderamt der Stadt Leipzig, wurden gestern 16 Schüler und fünf Erwachsene in der Schwimmhalle Südost. Mit Verdacht auf Chlorgasvergiftung wurde die Schulklasse, deren Lehrer und das Personal des Bades in Krankenhäuser gebracht.

Nach Angaben des Abteilungsleiters Bäder hatte gegen acht Uhr ein Mitarbeiter des Bades mit einer Chlorbleichlauge die Toiletten gereinigt. Währenddessen habe der Bademeister mit einer Säure die Schwimmhalle geputzt. In der Kanalisation trafen die beiden Chemikalien aufeinander, reagierten und bildeten das giftige Chlorgas.

1 Halogenlampen im Auto ermöglichen mehr Sicherheit.

2 Halogenlampen rücken Kunstgegenstände in Museen ins rechte Licht.

Gemeinsamkeiten und Unterschiede im Bau der Stoffe. Als Elementsubstanzen sind die Halogene aus zweiatomigen Molekülen aufgebaut. Der Bau der Halogene ähnelt offenbar dem von Sauerstoff, Wasserstoff und auch Wasser – Stoffe, die ebenfalls aus Molekülen bestehen.
Mit zunehmender Ordnungszahl nimmt in den Atomen der Halogene die Anzahl der Protonen im Atomkern sowie die Anzahl der Elektronen und der Elektronenschalen in der Atomhülle zu. Dadurch vergrößert sich die Masse der Halogenatome. In den Atomen der Halogene nimmt die Anzahl der Elektronen in der Reihenfolge Fluor, Chlor, Brom, Iod zu. Mit sieben Außenelektronen fehlt den Halogenatomen jeweils ein Elektron, um die besonders stabile Elektronenanordnung eines Elektronenoktetts zu erreichen. In Verbindungen liegen Halogene deshalb meist in Form einfach negativ elektrisch geladener Ionen vor.

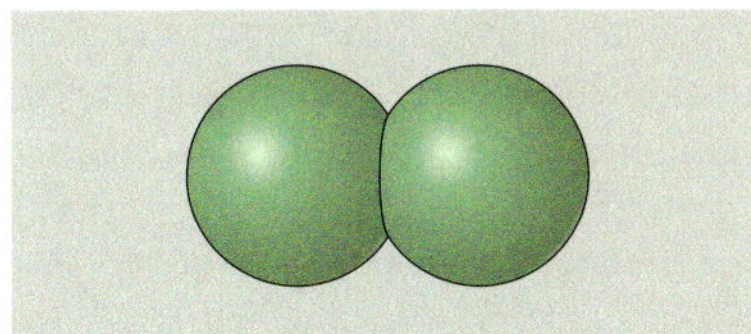

3 Modell eines Chlormoleküls

Bedeutung von Halogenen. Weshalb werden die sehr giftigen, ätzenden Stoffe trotzdem im großen Umfang industriell hergestellt?
Weltweit werden gegenwärtig jährlich etwa 33 Mio. t Chlor erzeugt und zu Polyvinylchlorid, anderen Kunststoffen und Lösemitteln verarbeitet. Auch zur Gewinnung von hochreinem Silicium für die Elektronik wird Chlor benötigt. In für den Menschen unbedenklichen Anteilen wird Chlor dem Wasser in Schwimmbädern und im Trinkwasser zum Abtöten von Krankheitserregern zugesetzt.
Ungiftige, unbrennbare Fluor-Chlor-Kohlenwasserstoffe (FCKW) schienen gut geeignet als Treibgase in Spraydosen sowie als Löse- und Kühlmittel, bis entdeckt wurde, dass sie die Ozonschicht gefährlich verändern und dadurch Umweltschäden verursachen. Heute werden die FCKW in Europa nicht mehr verwendet. Fluorhaltige Verbindungen als Zusatz zu Zahncremes wirken dem Befall der Zähne durch Karies besonders bei Kindern und Jugendlichen entgegen.
Teflon®, ein hochwertiger Kunststoff, mit dem z. B. auch Pfannen beschichtet sind, ist eine Verbindung des Fluors.
Brom und Bromverbindungen werden zur Herstellung von Filmen und Fotopapier sowie von Arzneimitteln benötigt. Halogenlampen enthalten wie normale Glühlampen eine Edelgasfüllung, aber zusätzlich etwas Brom oder Iod. Dadurch lässt sich die Temperatur des Glühfadens erhöhen und die Lichtausbeute steigt etwa auf das Vierfache.

AUFGABEN

1. Beschreibe die Auswirkung der Zerstörung der Ozonschicht in der Lufthülle der Erde.
2. Prüfe, ob unter den zu Hause verwendeten Haushaltschemikalien solche sind, die Chlorverbindungen enthalten. Gib an, zu welchem Zweck diese eingesetzt werden.
3. Ermittle die Einstufung der Halogene als Gefahrstoffe.
4. Tausende Soldaten verloren im Ersten Weltkrieg (1914 bis 1918) ihr Leben oder erlitten schwere Gesundheitsschäden durch den Einsatz von Chlor als Kampfgas. Informiere dich über diese völkerrechtswidrige, menschenverachtende Maßnahme in der Geschichte.

Atombindung – eine chemische Bindung

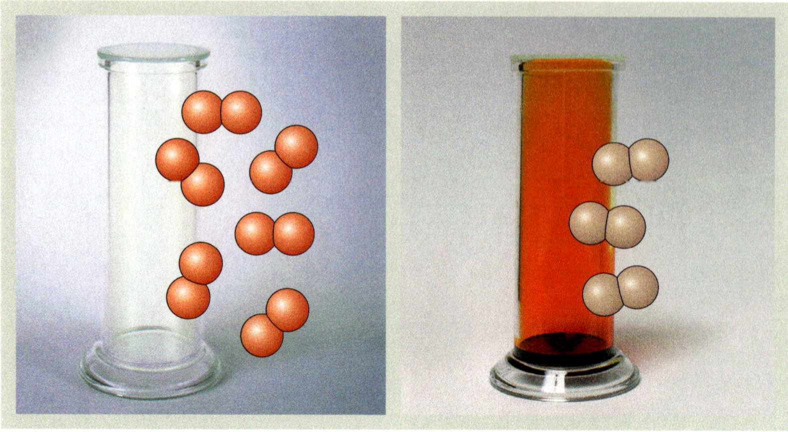

1 Stoffproben und Teilchenmodelle von Sauerstoff und Brom

Sauerstoff, Brom und Schwefel – so verschieden und doch ähnlich. Das Ungleiche an Sauerstoff, Brom und Schwefel ist auf den ersten Blick zu erkennen. Ein gasförmiger, ein flüssiger und ein fester Stoff, farblos, von dunkelrotbrauner und gelber Farbe sollen sich ähneln?
Zunächst ist festzustellen, sie gehören alle zu den nichtmetallischen Elementsubstanzen. Auch die anderen Halogene wie Chlor und Iod ließen sich zuordnen. Warum sind Sauerstoff, Chlor, auch Wasserstoff und Stickstoff unter den Bedingungen des Normzustands Gase? Weshalb schmelzen oder verdampfen Stoffe wie Schwefel, Brom und Iod schon bei relativ geringer Wärmezufuhr?
Alle die genannten Stoffe sind aus **Molekülen** aufgebaut. Diese sind im Gaszustand frei beweglich. Mit Ausnahme des Schwefels bestehen die Moleküle jeweils aus zwei Atomen. Aber auch das feste Iod ist aus zweiatomigen Molekülen aufgebaut. Die leichte Flüchtigkeit der Stoffe ist ein Hinweis darauf, dass zwischen den Molekülen geringe Anziehungskräfte wirken. Auch im Gaszustand von Brom und Iod bleiben die aus zwei Atomen bestehenden Moleküle erhalten. Wie kommt es zum Zusammenhalt elektrisch neutraler Atome?

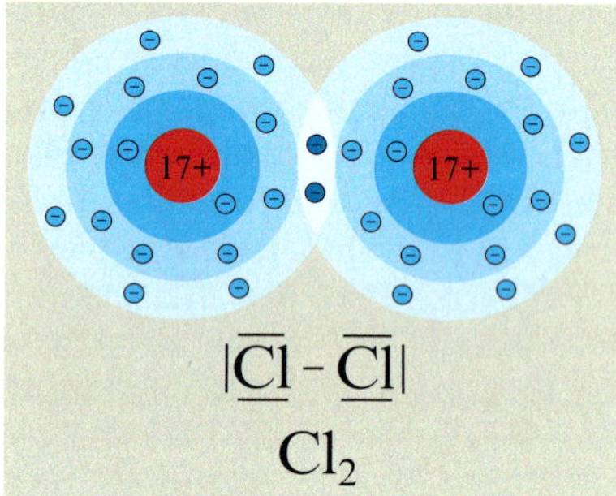

2 Modell der Atombindung bei einem Chlormolekül, Formeln des Moleküls

Atombindung – Bau gasförmiger Nichtmetalle. Chlor ist ein Element der VII. Hauptgruppe des Periodensystems der Elemente. Jedes Chloratom besitzt auf seiner Außenschale, der dritten Elektronenschale, sieben Elektronen. Mit acht Elektronen würde die stabile Elektronenanordnung der Edelgasatome, ein Elektronenoktett, erreicht sein.
Die chemische Bindung zwischen zwei Chloratomen kommt durch ein **gemeinsames Elektronenpaar** zustande. Deshalb wird die **Atombindung** auch als **Elektronenpaarbindung** bezeichnet. Die Atomhüllen der beiden gebundenen Atome durchdringen einander. Im Chlormolekül steuert jedes Chloratom ein Elektron seiner sieben Außenelektronen zu einem gemeinsamen Elektronenpaar bei. Mit acht Außenelektronen hat dann jedes der gebundenen Chloratome eine Elektronenanordnung wie die Atome des Edelgases Argon. Im Wasserstoffmolekül wird das gemeinsame Elektronenpaar aus dem einzigen Elektron jedes der beiden Wasserstoffatome gebildet. Diese Elektronenanordnung ähnelt der Atomhülle der Atome des Edelgases Helium. Die Atombindung kann auch wie im Stickstoffmolekül durch mehrere gemeinsame Elektronenpaare zustande kommen.

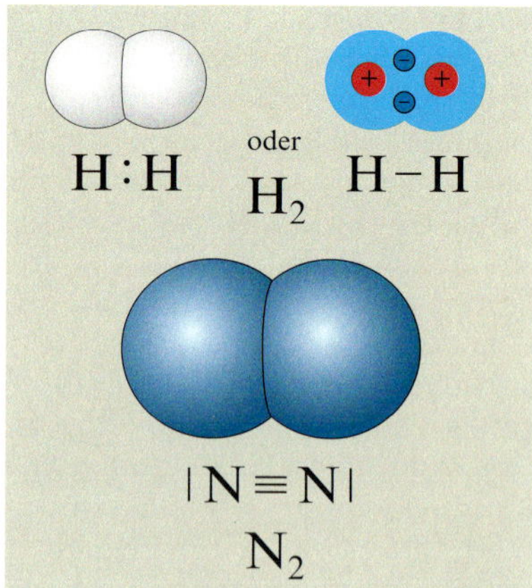

3 Molekülmodelle und Formeln von Wasserstoff und Stickstoff

Atombindung und Elektronenschreibweise. In den Formeln der Moleküle sind entsprechend der Schreibweise nach LEWIS (↗ S. 57) je zwei Elektronen durch einen Strich am Symbol des Elements gekennzeichnet. Der Strich zwischen den Symbolen stellt jeweils ein gemeinsam genutztes Elektronenpaar, ein **bindendes** Elektronenpaar, dar. Die übrigen am Symbol markierten Elektronenpaare sind nicht an der chemischen Bindung beteiligt. Es sind nicht bindende Elektronen. Mit Ausnahme des Wasserstoffatoms wird somit für jedes Atom im Molekül das Elektronenoktett erreicht.

> Die Atombindung oder Elektronenpaarbindung ist eine Art der chemischen Bindung, die durch gemeinsame Elektronenpaare zwischen Atomen bewirkt wird.

Atombindung – Bau fester Nichtmetalle. Feste Nichtmetalle sind zum Beispiel die schwarzviolett glänzenden Kristalle des Iods, die gelben Kristalle des Schwefels oder Kohlenstoff, der u. a. als Diamant vorkommt. Auch in diesen Stoffen sind Atome durch Atombindungen aneinander gebunden. Das Halogen Iod besteht wie Chlor aus zweiatomigen Molekülen. Jedoch ist Iod im Gegensatz zu Chlor unter Normbedingungen fest.

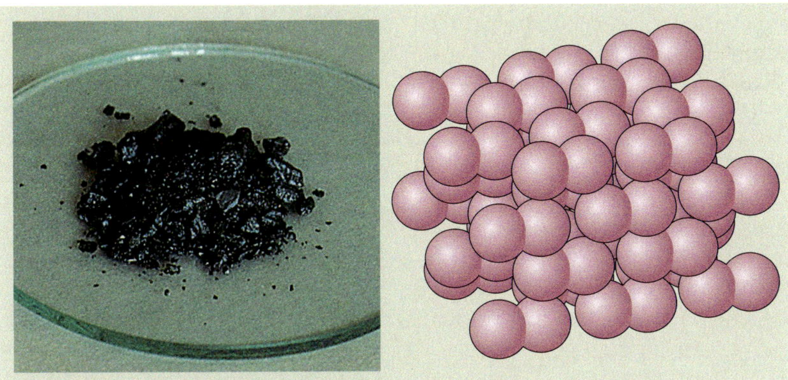

1 Iod – Stoffprobe und Modell vom Bau des Stoffes

Zwischen den Iodmolekülen wirken im Kristall zusätzliche schwache Anziehungskräfte. Sie sind sehr viel schwächer als die Atombindung in den Molekülen. Deshalb lassen sich aus Molekülen aufgebaute, feste Stoffe im Allgemeinen leicht verdampfen. Zunächst werden dabei nur die schwachen Anziehungskräfte zwischen den Molekülen überwunden.
Schwefelmoleküle bestehen aus z. B. acht Atomen. Schwefel schmilzt bei Wärmezufuhr relativ leicht. Dabei werden nicht nur die zwischen den Molekülen wirkenden Kräfte überwunden, sondern außerdem die Schwefelmoleküle in kleinere Moleküle gespalten. Im festen Stoff liegt ein **Molekülgitter** vor. Relativ niedrige Siedetemperaturen solcher Stoffe sind die Folge der schwachen Anziehungskräfte zwischen ihren Teilchen.
Ganz anders verhält sich hingegen der aus reinem Kohlenstoff bestehende Diamant. Eine ungeheure Vielzahl von Kohlenstoffatomen ist im Diamant zu einem einzigen „Riesenmolekül“ durch Atombindungen gebunden. Deren große Stabilität bewirkt, dass Diamant ein Stoff von außerordentlicher Härte ist. Diamant gehört nicht zu den aus Molekülen aufgebauten Stoffen, es liegt demzufolge auch kein Molekülgitter vor. Allein aus dem Vorhandensein von Atombindungen kann also nicht auf bestimmte Stoffeigenschaften geschlossen werden.

EXPERIMENT 3 [L]

Erhitzen von Iod.
Vorsicht! Abzug!
3 Iodkristalle (Xn, N) werden in einem mit Watte verschlossenen Reagenzglas erhitzt.

EXPERIMENT 4 [L]
Erhitzen von Schwefel.
Vorsicht! Abzug!
Ein Reagenzglas wird etwa zu einem Viertel mit Schwefelpulver gefüllt, das in der Brennerflamme bis zur Schmelze erhitzt wird.
Die Beschaffenheit der Schmelze ist durch gelegentliches Schütteln festzustellen.

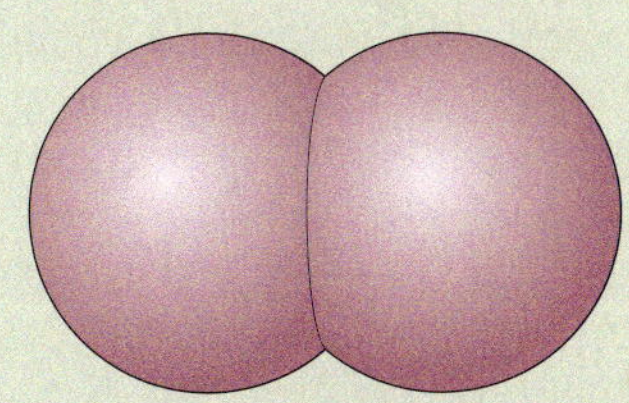

$$|\overline{\underline{I}} - \overline{\underline{I}}|$$

$$I_2$$

2 Iod – Modell und Formeln

AUFGABEN

1. Vergleiche die durch folgende chemische Zeichen angegebenen Teilchen: Cl, Cl_2, Cl^-.
2. Notiere die Siedetemperaturen von Wasserstoff, Stickstoff, Sauerstoff, Chlor, Brom und Iod in einer Tabelle. Vergleiche die Werte und stelle einen Zusammenhang zu deren molarer Masse her. Notiere die Formeln der Stoffe in Elektronenschreibweise.

Chemische Reaktionen von Metallen mit Halogenen

1 Reaktion von Natrium mit Chlor im Reaktionsrohr

Halogenide – Salze als Reaktionsprodukte. Außer dem Natriumchlorid gibt es in der Natur viele aus Ionen aufgebaute Stoffe, in denen die Elemente Fluor, Chlor, Brom oder Iod enthalten sind. Die Frage, ob sich diese Salze aus Halogenen und Metallen auch im Labor herstellen ließen, kann jetzt beantwortet werden. An ihrem Verhalten gegenüber Metallen zeigt sich auch deutlich die chemische Ähnlichkeit der Halogene.
Das gelbgrüne Gas Chlor reagiert mit dem Alkalimetall Natrium mit intensiver Lichterscheinung in exothermer Reaktion.

$2\,Na + Cl_2 \longrightarrow 2\,NaCl$ | exotherm

Aluminiumchlorid ist das Reaktionsprodukt der chemischen Reaktion von Aluminium mit Chlor, ein weiteres Chlorid. Die Bildung der Reaktionsprodukte Aluminiumbromid bzw. Aluminiumiodid aus Aluminium und Brom bzw. Iod erfolgt ähnlich heftig und ist mit Wärme- und Lichterscheinungen verbunden.

$2\,Al + 3\,Br_2 \longrightarrow 2\,AlBr_3$ | exotherm
$2\,Al + 3\,I_2 \longrightarrow 2\,AlI_3$ | exotherm

Wie Chlor reagieren Brom und Iod zum Beispiel auch direkt mit Eisen, Magnesium oder Zink unter Bildung der **Bromide** bzw. der **Iodide**. Die erhitzten Metalle glühen in den Halogenen auf. Ein weißer oder farbiger Rauch setzt sich dabei an der Gefäßwand ab. Die gebildeten festen **Halogenide** sind salzartige Stoffe.
In den bereits genannten Halogenlampen verdampft das Metall Wolfram bei der hohen Temperatur der Glühwendel. An der kälteren Kolbenwand reagiert das verdampfte Wolfram mit dem Brom bzw. Iod und bildet Wolframhalogenid. An der heißesten Stelle der Wendel wird das Wolframhalogenid wieder zersetzt. Das abgeschiedene Wolfram „heilt“ damit dünne Stellen der Wendel und erhöht die Lebensdauer der Halogenlampe. Werden bei üblichen Glühlampen nur ungefähr 5% der aufgewendeten elektrischen Energie als Licht abgestrahlt, beträgt die Lichtausbeute bei Halogenlampen etwa das Vierfache.

Halogene reagieren mit den meisten Metallen direkt unter Bildung von Halogeniden.

EXPERIMENT 5 [L]
Chemische Reaktion von Natrium mit Chlor.
Vorsicht! Abzug! Schutzbrille! Ein kleines Stück erhitztes Natrium (F, C) wird in einem Standzylinder mit Chlor (T, N) zur Reaktion gebracht.

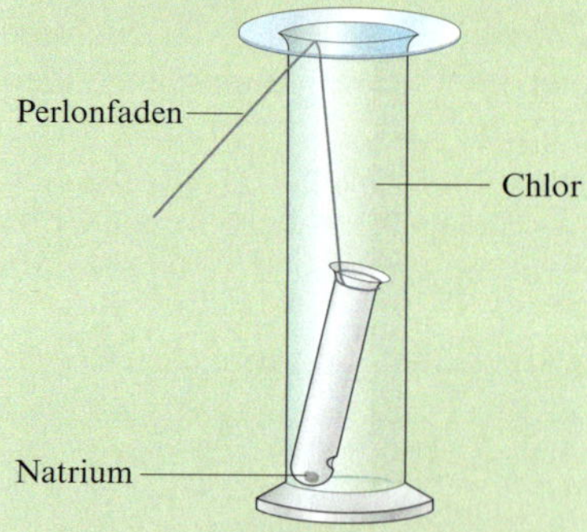

EXPERIMENT 6 [L]

Chemische Reaktion von Aluminium mit Chlor.
Vorsicht! Abzug! Schutzbrille!
In ein trockenes, mit Chlor (T, N) gefülltes, großes Reagenzglas werden Stücke von Aluminiumfolie gegeben. Danach ist das Reagenzglas mit einem Wattebausch zu verschließen und am Boden kräftig zu erhitzen. Beim Aufglühen des Aluminiums wird das Reagenzglas aus der Flamme genommen.

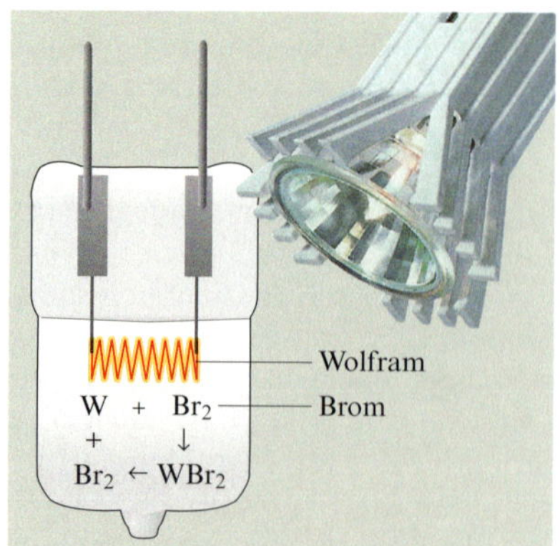

2 Mehr Licht durch Halogene

Wie aus Atomen Ionen werden können. Aus einigen Metallen und Halogenen entstehen bei chemischen Reaktionen miteinander Ionensubstanzen. In den Ausgangsstoffen liegen Atome von Metallen und Moleküle der Halogene vor. Das Reaktionsprodukt ist aus Ionen aufgebaut. Stoffe mit unterschiedlichem Bau sind an einer chemischen Reaktion beteiligt. Während der chemischen Reaktion von Natrium mit Chlor kommt es zur Ionenbildung. Jedes Natriumatom besitzt ein Elektron auf seiner Außenschale; dagegen besitzen Chloratome sieben Außenelektronen. Eine stabile Elektronenanordnung ist für jedes Teilchen eines Elements mit einem Elektronenoktett zu erreichen. Aus Natriumatomen werden einfach positiv elektrisch geladenene Natrium-Ionen durch Abgabe von jeweils einem Elektron. Von den Atomen der Chlormoleküle werden die Elektronen aufgenommen, die dadurch einfach negativ elektrisch geladene Chlorid-Ionen bilden. Durch Abgabe oder Aufnahme von Elektronen können aus Atomen Ionen gebildet werden.

EXPERIMENT 7 [L]
Chemische Reaktion von Zink mit Iod.
Vorsicht! Schutzbrille!
In einem Reagenzglas wird auf Zinkpulver Wasser gegeben. Einige Kristalle Iod (Xn) sind zuzugeben.

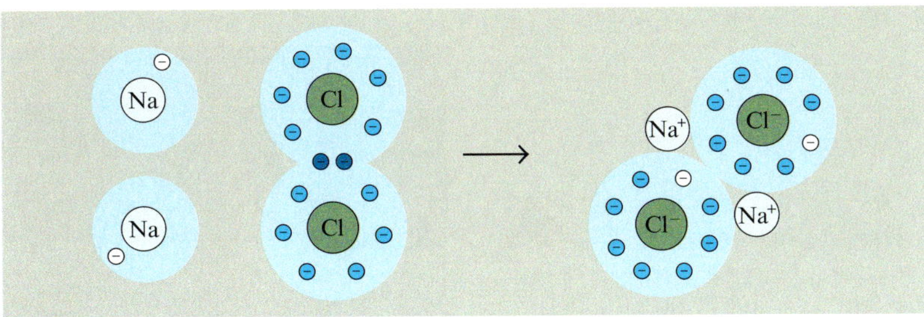

1 Bildung von Natriumchlorid aus Natrium und Chlor im Modell

Elektronenabgabe

$Na \longrightarrow Na^+ + e^-$

Elektronenaufnahme

$Cl + e^- \longrightarrow Cl^-$

Elektronenabgabe

$2\,Na + Cl_2 \longrightarrow 2\,NaCl$

Elektronenaufnahme

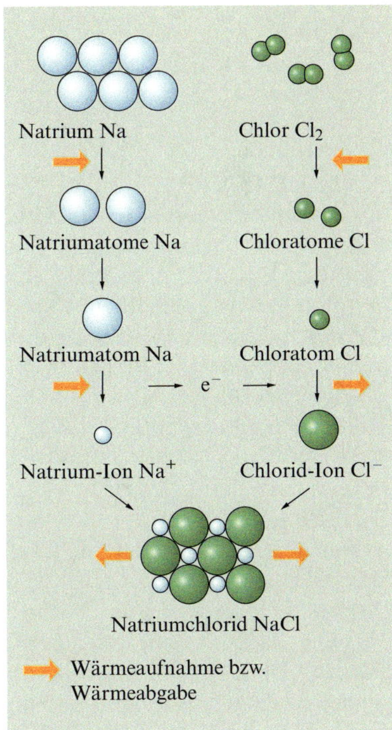

2 Energieumwandlungen bei der Bildung von Natriumchlorid

Bildung von Ionensubstanzen – Elektronenübergang. Durch die gleichzeitige Abgabe und Aufnahme von Elektronen findet bei dieser chemischen Reaktion ein **Elektronenübergang** statt.

$2\,Na + Cl_2 \longrightarrow 2\,NaCl$

Elektronenübergang

Auch bei der Bildung anderer Ionensubstanzen geschieht ein solcher Elektronenübergang. Die Teilchen der Stoffe verändern sich, sie ordnen sich nicht nur um. Bei der Bildung von Ionensubstanzen aus den Elementsubstanzen ändert sich sogar die Teilchenart.
Mit dem Elektronenübergang sind Energieumwandlungen verbunden, die insgesamt zu einer stark exothermen Reaktion führen.

Bei der Reaktion eines Metalls mit einem Halogen findet zwischen den Teilchen der reagierenden Stoffe ein Elektronenübergang statt.

AUFGABEN

1. Schlage eine Möglichkeit vor, festes Zinkbromid aus Zinkpulver und wässriger Bromlösung darzustellen.
2. Erläutere die Stoff- und Energieumwandlung sowie die Veränderung der Teilchen bei der chemischen Reaktion von Magnesium mit Iod.

Metalloxide und Metallsulfide

Blanke, glänzende Metalloberflächen können durch Einwirkung von Luft und Feuchtigkeit grauschwarz bis rotbraun werden, wenn sie nicht vor dieser Zerstörung geschützt werden. Um die wirtschaftlichen Schäden auszugleichen, die durch Korrosion entstehen, werden jährlich 90 % des erzeugten Stahls benötigt. Andererseits sind diese in der Natur in Form von Erzen vorkommenden chemischen Verbindungen Rohstoffe für die Metallgewinnung.

1 Eisen reagiert mit Sauerstoff beim Schneiden einer Halterung.

EXPERIMENT 8 [S]

Untersuche das Verhalten von Metallen beim Erhitzen an der Luft.
Erhitze jeweils ein Stück blanken Eisen-, Kupfer- und Aluminiumdraht sowie einen Magnesiumspan (F) in einer Brennerflamme stark. Fasse dabei die Metalle mit einer Tiegelzange über einer feuerfesten Unterlage an. Vergleiche das Aussehen der erhitzten Proben mit den eingesetzten Metallen.
Entsorgung: Reaktionsprodukte in die Sammlung oder in den Sammelbehälter für Hausmüll.

2 Eisenwolle verbrennt in Sauerstoff.

EXPERIMENT 9 [S]

Untersuche das Verhalten von erhitzten Metallen in Sauerstoff.
Erhitze auf Verbrennungslöffeln Magnesiumspäne (F), Eisen-, Zink- und Kupferpulver und tauche die erhitzten Metalle in mit Sauerstoff gefüllte Erlenmeyerkolben. Gib die erkalteten Reaktionsprodukte auf Uhrgläser. Vergleiche das Aussehen der Reaktionsprodukte mit dem der Metalle vor dem Erhitzen.
Entsorgung: Reaktionsprodukte in die Sammlung oder in den Sammelbehälter für Hausmüll.

3 Brennender Magnesiumspan

EXPERIMENT 10 [S]

Untersuche das Verhalten von Kupfer gegenüber Schwefel.
Vorsicht! Schutzbrille! Abzug!
Mische Kupferpulver und Schwefel im Massenverhältnis 2 : 1. Erhitze das Gemisch in einem Reagenzglas kräftig.
Entsorgung: Reaktionsprodukt am Lehrertisch sammeln.
Fasse die Ergebnisse der Experimente 5 bis 11 in einer Tabelle zusammen. Berücksichtige insbesondere den Vergleich zwischen den Ausgangsstoffen und dem jeweiligen Reaktionsprodukt.

Chemische Verbindungen aus Metallen und Nichtmetallen. Die Bildung des weißen, pulvrigen Magnesiumoxids beim Verbrennen von Magnesium an der Luft ist erst durch die chemische Reaktion des Metalls mit dem Sauerstoff der Luft möglich. Auch das schwarze Kupferoxid bildet sich nur, wenn Kupfer in der Brennerflamme mit Sauerstoff reagieren kann. Die Reaktionsprodukte sind **Metalloxide**, chemische Verbindungen von Metallen mit dem Element Sauerstoff.
Schwarzes Kupfersulfid entsteht bei der chemischen Reaktion von rotbraunem Kupferpulver mit gelbem Schwefel. Eisensulfid und Zinksulfid sind ebenfalls **Metallsulfide**, die als Erze in der Natur vorkommen.
Die chemischen Reaktionen der Metalle mit Sauerstoff und mit Schwefel sind ähnlich heftig wie die Bildung der Halogenide.

EXPERIMENT 11 [L]

Erhitzen eines Eisen-Schwefel-Gemisches.
Vorsicht! Schutzbrille! Abzug!
7 g Eisenpulver und 4 g Schwefelpulver werden gemischt und in ein senkrecht eingespanntes Reagenzglas gegeben. Mit dem Bunsenbrenner ist kräftig zu erhitzen.

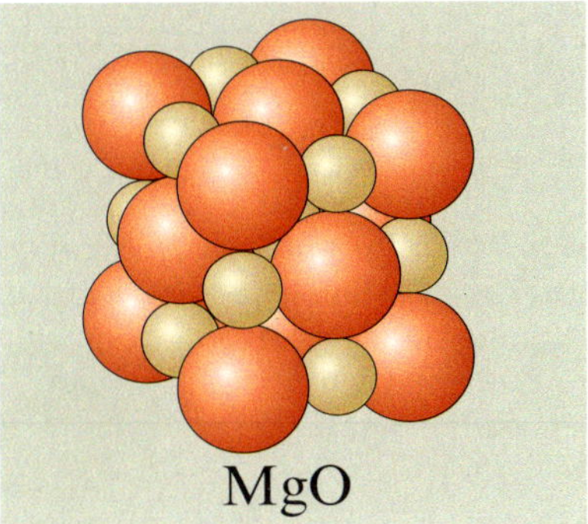

1 Modell und Formel von Magnesiumoxid

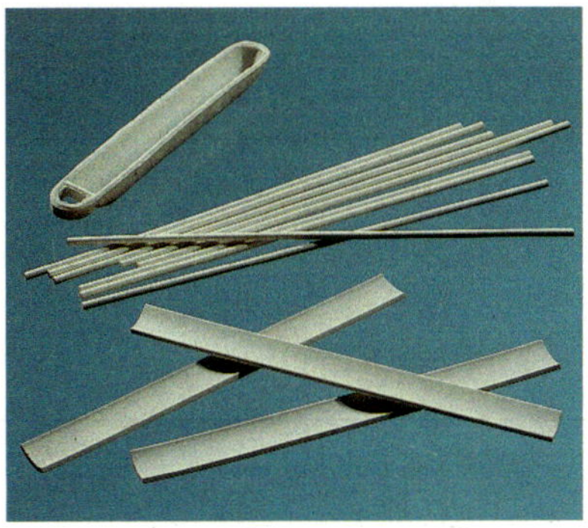

2 Magnesiumoxid (MgO) – Material für feuerfeste Laborgeräte

Metalloxide		
Name	**Formel**	**Farbe**
Magnesiumoxid	MgO	weiß
Aluminiumoxid	Al_2O_3	weiß
Kupferoxid	CuO	schwarz
Kupferoxid	Cu_2O	rotbraun
Eisenoxid	Fe_2O_3	rot
Eisenoxid	FeO	schwarz
Zinkoxid	ZnO	weiß

3 Formeln für Metalloxide kennzeichnen den Stoff und das kleinstmögliche Zahlenverhältnis der Teilchen in einem Teilchenverband.

Elektronenübergang – Redoxreaktion. Die Ähnlichkeit der Reaktionen der Metalle mit einigen Nichtmetallen wird vor allem an den Teilchenveränderungen deutlich. Bei den Reaktionen von Magnesium mit Sauerstoff und mit Chlor liegen in den Reaktionsprodukten zweifach positiv elektrisch geladene Magnesium-Ionen vor. Diese bilden sich durch **Elektronenabgabe** aus Magnesiumatomen. Man sagt: Magnesium wird oxidiert. Die **Oxidation** ist also eine Elektronenabgabe.

$$Mg \xrightarrow[\textbf{Oxidation}]{\text{Elektronenabgabe}} Mg^{2+} + 2e^-$$

Die Elektronenabgabe ist stets mit einer Elektronenaufnahme durch einen Reaktionspartner verbunden. Sauerstoffatome bzw. Chloratome nehmen jeweils die Elektronen auf. Oxid-Ionen und Chlorid-Ionen bilden sich durch **Elektronenaufnahme**.

$$O + 2e^- \xrightarrow[\textbf{Reduktion}]{\text{Elektronenaufnahme}} O^{2-} \quad (O_2 + 4e^- \longrightarrow 2\,O^{2-})$$

$$Cl + e^- \longrightarrow Cl^- \quad (Cl_2 + 2e^- \longrightarrow 2\,Cl^-)$$

Die gleichzeitig mit der Oxidation ablaufende Elektronenaufnahme wird als **Reduktion** bezeichnet. Die untersuchten chemischen Reaktionen von Metallen mit den Nichtmetallen Chlor, Brom, Iod sowie Sauerstoff und Schwefel sind durch das gleichzeitige Ablaufen von Oxidation und Reduktion gekennzeichnet. Diese **Red**uktions-**Ox**idationsreaktion heißt **Redoxreaktion**.

Oxidation (Mg → MgO), Reduktion (O_2 → MgO):

$$2\,Mg + O_2 \longrightarrow 2\,MgO$$

Oxidation (Mg → $MgCl_2$), Reduktion (Cl_2 → $MgCl_2$):

$$Mg + Cl_2 \longrightarrow MgCl_2$$

Das gleichzeitige Ablaufen von Oxidation und Reduktion bei einer Redoxreaktion kann nur geschehen, wenn Teilchen von Stoffen existieren, die den Elektronenübergang ermöglichen.

> Bei einer Redoxreaktion laufen Oxidation und Reduktion gleichzeitig ab. Es werden Elektronen abgegeben (Oxidation), die von anderen reagierenden Teilchen aufgenommen werden (Reduktion).

Schon gewusst?

Ursprünglich galten als **Redoxreaktionen** nur solche, bei denen das Element Sauerstoff (oxygenium) von einem Stoff auf einen anderen übertragen wurde. *Oxidiert* wurde ein Stoff bei der chemischen Reaktion nur mit Sauerstoff. *Reduzieren* eines Stoffes hieß, ihm gebundenen Sauerstoff wieder zu entziehen. Die festgestellte Übereinstimmung zwischen den eben betrachteten Reaktionen im Bereich der Teilchen führte dazu, dass der Begriff Redoxreaktion neu bestimmt wurde.

AUFGABEN

1. Entwickle die Wort- und die Reaktionsgleichungen für die Reaktion jeweils von Kalium, Natrium, Magnesium, Calcium und Zink mit Sauerstoff und Chlor.
2. Kennzeichne die chemische Reaktion von Kupfer zu rotbraunem Kupferoxid als Redoxreaktion.
3. Im gelben Bleioxid sind Blei- und Sauerstoffteilchen im Zahlenverhältnis 1 : 2 verbunden. Wie lautet die Formel des Oxids?

ZUSAMMENFASSUNG

Alkalimetalle

Die Metalle Lithium, Natrium, Kalium, Rubidium und Caesium der I. Hauptgruppe des Periodensystems der Elemente werden als Alkalimetalle bezeichnet. In der Natur kommen die Alkalimetalle nur in ihren Verbindungen vor, da sie sehr reaktionsfreudig sind. Ihre Atome besitzen jeweils ein Außenelektron, das unter Bildung von einfach positiv elektrisch geladenen Metall-Ionen abgegeben werden kann,
z. B. $Na \longrightarrow Na^{+} + e^{-}$.

Halogene

Die Elemente Fluor, Chlor, Brom und Iod der VII. Hauptgruppe des Periodensystems der Elemente werden als Halogene bezeichnet. Die Halogene kommen in der Natur nur in Halogenverbindungen vor. Als Elementsubstanzen sind die Halogene giftige, ätzende Stoffe. Hingegen sind einige Halogenverbindungen in geringen Mengen lebensnotwendig. Die Halogene sind aus Molekülen aufgebaute Stoffe. Ihre Atome besitzen sieben Außenelektronen. In ihren Verbindungen liegen die Halogene meist als einfach negativ elektrisch geladene Ionen vor. Die Ionen können durch Aufnahme jeweils eines Elektrons entstehen,
z. B. $Cl + e^{-} \longrightarrow Cl^{-}$.

Atombindung/ Elektronenpaarbindung

Art der chemischen Bindung, die durch gemeinsame Elektronenpaare zwischen Atomen bewirkt wird. Damit erreichen die Bindungspartner die stabile Elektronenanordnung der Edelgase in ihren Außenschalen.

Modelle der Elektronenpaarbindung beim Chlor- und beim Wasserstoffmolekül

Metalloxide, Metallsulfide

Chemische Verbindungen von Metallen mit Sauerstoff bzw. Schwefel. Die meisten Metalle reagieren direkt mit den Nichtmetallen Sauerstoff und Schwefel. Die Reaktionsprodukte sind oft aus Ionen aufgebaute Stoffe.

Redoxreaktion

Chemische Reaktion, bei der Oxidation und Reduktion gleichzeitig ablaufen. Bei einer Redoxreaktion erfolgt ein Elektronenübergang zwischen den Teilchen der reagierenden Stoffe.

Oxidation ≙ Elektronenabgabe
Reduktion ≙ Elektronenaufnahme
Redoxreaktion ≙ Elektronenübergang

Beispiel:

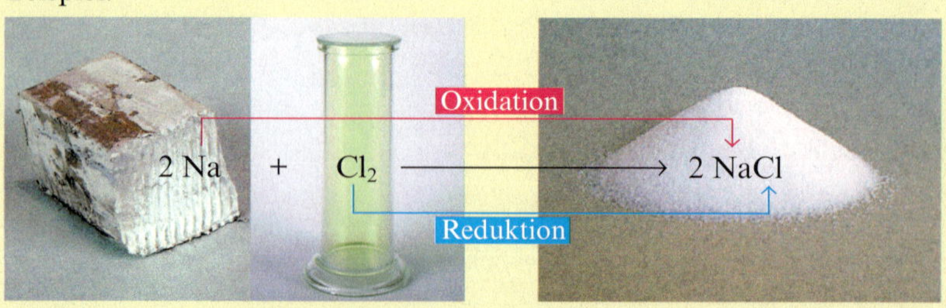

Säuren

Zitronen schmecken sauer. Verschiedene Säuren bewirken ihren sauren Geschmack.
Die Citronensäure ist die bekannteste.
Auch in anderen Pflanzen kommen Säuren vor, z. B. in Brennnesseln.
Warum gehen selbst diese Pflanzen ein, wenn sie ständig saurem Regen ausgesetzt sind?

- Warum ist der Regen oft sauer?
- Was sind Säuren?
- Wo überall kommen Säuren vor?
- Wie lassen sich Säuren nachweisen?
- Reagieren Säuren auch mit Metallen?

Vom Schwefeldioxid zum sauren Regen

1 Hier entsteht „saurer Regen".

2 Saurer Regen – eine Ursache des Waldsterbens

„Saurer Regen" ist in den Medien ein Thema, das immer wieder auftaucht. Saurer Regen muss in der Luft aus Luftfeuchtigkeit und Luftbestandteilen (↗ Seite 16 f.) entstehen. Sauerstoff, Stickstoff und die Edelgase reagieren nicht mit Wasser. Wie reagieren die anderen Luftbestandteile Kohlenstoffdioxid und Schwefeldioxid mit Wasser?

EXPERIMENT 1 [S]

Untersuche die Reaktion von Kohlenstoffdioxid und Wasser.

Gib in zwei Reagenzgläser je etwa 2 ml Wasser und wenige Tropfen einer Lackmus-Farbstofflösung. Eine der Lösungen wird in ein mit Kohlenstoffdioxid gefülltes Reagenzglas gegeben, verschlossen und kräftig geschüttelt.
Vergleiche beide Lösungen. Notiere deine Beobachtungen.
Wiederhole das Experiment mit der Farbstofflösung Universalindikator.
Entsorgung: Lösungen in Sammelbehälter für Abwasser.

EXPERIMENT 2 [S] T

Untersuche die Reaktion von Schwefeldioxid und Wasser.

Abzug! Dämpfe nicht einatmen! In einem Reagenzglas werden 4 ml Wasser mit 8 Tropfen Universalindikatorlösung versetzt. Mit dieser Lösung wird eine Tropfpipette gefüllt, die sich in einem durchbohrten Stopfen befindet.
Entzünde einen Schwefeltropfen an einem Draht, der sich an einem Stopfen befindet. Verschließe mit dem Stopfen schnell ein zweites Reagenzglas. Tausche nach Erlöschen der Flamme den Stopfen schnell gegen den Stopfen mit Tropfpipette aus. Tropfe die Lösung in das Reagenzglas, halte den Stopfen fest und schüttle kräftig.
Vergleiche die Farben vorher und nachher. Notiere deine Beobachtungen.
Entsorgung: Lösungen in Sammelbehälter für Abwasser.

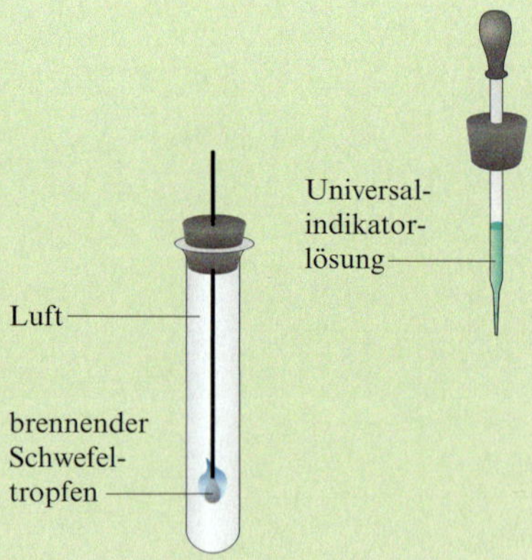

Saure Lösungen. Bei den Experimenten zeigte sich eine Farbänderung des Indikators. Durch eine chemische Reaktion sind neue Stoffe entstanden. Die Nichtmetalloxide Kohlenstoffdioxid und Schwefeldioxid reagierten mit Wasser zu **sauren Lösungen**. Diese auch in unserer Atmosphäre entstehenden sauren Lösungen bilden den **sauren Regen**.

In sauren Lösungen sind Stoffe enthalten, die zur Stoffklasse der **Säuren** gehören. Diese können fest, flüssig oder gasförmig sein. Säuren bilden mit Wasser saure Lösungen. Kohlenstoffdioxid reagiert dabei mit Wasser zu **Kohlensäure**. Schwefeldioxid mit Wasser zu **schwefliger Säure**.

Kohlenstoffdioxid + Wasser ⟶ Kohlensäure
$CO_2 + H_2O \longrightarrow H_2CO_3$

Schwefeldioxid + Wasser ⟶ schweflige Säure
$SO_2 + H_2O \longrightarrow H_2SO_3$

1 Lackmus- und Universalindikator, Lösungen und Papierstreifen

Nachweis saurer Lösungen. Schon im Altertum wurde beobachtet, dass manche der zum Färben von Textilien eingesetzten Farbstoffe in sauren Lösungen ihre Farbe ändern. Solche Farbstoffe können zum Nachweis saurer Lösungen benutzt werden und werden **Indikatoren** (lat. indicare – anzeigen) genannt. Jeder Indikator zeigt eine typische Farbänderung. Bei Zugabe saurer Lösungen zu **Lackmus**-Indikator lässt sich ein Farbumschlag von Violett nach Rot beobachten. **Universalindikator** ist ein Farbstoffgemisch. Gelbe, orange und rote Farben zeigen hier saure Lösungen an. Zur leichteren Handhabung gibt es auch Papierstreifen, die mit der Indikatorlösung getränkt und getrocknet worden sind. Diese Indikatorpapiere müssen vor ihrer Verwendung angefeuchtet werden.

2 Lackmuspapier und Universalindikatorpapier vor und nach Auftropfen einer sauren Lösung

EXPERIMENT 3 [S]
Untersuche Regenwasser.
Gib in 3 Reagenzgläser destilliertes Wasser und 2 verschiedene Proben Regenwasser, die an unterschiedlichen Orten oder zu unterschiedlichen Zeiten aufgefangen wurden. Tropfe jeweils 3 Tropfen Universalindikatorlösung zu. Notiere die Farben. Entscheide, welche Lösung sauer reagiert.
Entsorgung: Flüssigkeiten in Sammelbehälter für Abwasser.

EXPERIMENT 4 [L]

Wirkungen von schwefliger Säure.
In einen Standzylinder wird auf einige Blätter und Blüten etwas schweflige Säure (Xi) gegeben.
Auf ein kleines geschliffenes Stück Marmor werden wenige Tropfen schweflige Säure (Xi) gegeben.

Säuren bilden in Wasser saure Lösungen.
Indikatoren für Säuren sind Farbstoffe, die bei Zugabe einer sauren Lösung ihre Farbe ändern.

Wirkungen des sauren Regens. Saurer Regen kann zu erheblichen Schäden in unserer Umwelt führen. So werden beispielsweise Pflanzen in ihrer Entwicklung behindert, weil die Blätter geschädigt werden und die Aufnahme von Mineralstoff-Ionen aus dem Boden verändert wird. Auch die Entwicklung von Amphibien kann beeinträchtigt werden. Die Schäden an Bauwerken sind in unserer Umgebung ebenfalls auffällig.

AUFGABEN

1. Warum darf im Chemieunterricht nicht geprüft werden, ob ein Stoff sauer schmeckt?
2. Überlege, wie du nachweisen könntest, ob Autoabgase für den sauren Regen mitverantwortlich sind?
3. Erläutere die Wirkungen des sauren Regens. Erkundige dich über Folgen für Tiere, Pflanzen, Boden und Bauwerke.
4. Nenne die Ausgangsstoffe für die Bildung von saurem Regen und gib an, woher diese stammen.
5. Erkunde Möglichkeiten, wie die Bildung von saurem Regen verringert werden kann.
6. Beschreibe den Nachweis von sauren Lösungen.
7. Informiere dich über die frühere Verwendung des Lackmusfarbstoffes.

Gruppenarbeit

Saure Lösungen schnell erkannt

Tagtäglich begegnen wir im Alltag vielen Säuren, ohne dass uns dies immer bewusst wird. Bei sauren Früchten erkennen wir schnell, dass sie eine saure Lösung enthalten. Bei anderen Lebensmitteln oder auch Putzmitteln zeigt sich dies nicht so einfach. Hier können Indikatoren zum Nachweis eingesetzt werden. Welche sauren Lösungen begegnen uns im Alltag? Welche Farbstoffe eignen sich als Indikatoren?

EXPERIMENT 1 [S]

Prüfe Lebensmittel auf saure Lösungen.

Gib in 6 Reagenzgläser jeweils 1 ml Wasser und dann einige Tropfen Tee, Zitronensaft, Milch, Honig, Essig und Jogurt.
Versetze jede Probe mit 4 Tropfen Universalindikatorlösung.
Notiere deine Beobachtungen. Welche Lösungen reagieren sauer?

EXPERIMENT 2 [S] Xi

Verwende Indikatorpapier zum Nachweis von sauren Lösungen.

Löse in wenig Wasser einen sauren Bonbon. Verdünne etwas Kalkentferner (Xi). Prüfe beide Lösungen, indem jeweils mit einem Glasstab ein Tropfen der Lösung auf einen Streifen Universalindikatorpapier gegeben wird.
Fertige ein Protokoll an. Klebe den getrockneten Papierstreifen dort ein.

EXPERIMENT 3 [S]

Weise saure Lösungen mit Lackmus nach.

Gib in ein Reagenzglas etwa 2 ml Wasser. Versetze dieses mit 5 Tropfen Lackmus-Lösung. Betrachte die Lösung und beschreibe die Farbe.
Prüfe dann die Stoffe von Experiment 1. Deute dein Ergebnis.

EXPERIMENT 4 [S]

Stelle Rotkohlsaft her und prüfe seine Wirkung als Indikator.

Schneide ein Rotkohlblatt in kleine Stücke. Gib in einem Becherglas zum Rotkohl so viel Wasser, dass die Blätter gerade bedeckt sind. Erhitze nach dem Sieden etwa 3 Minuten. Dekantiere den entstandenen Saft nach dem Abkühlen ab.
Gib in 4 Reagenzgläser jeweils 1 ml Wasser und in je eines wenige Tropfen Essig bzw. drei saure Lösungen aus der Schulsammlung.
Versetze die Lösungen mit einigen Tropfen Rotkohlsaft.
Notiere die Farbänderungen.

1 Der blaue Farbstoff der Vergissmeinnichtblüten ist bei saurem Zellsaft rosa.

2 Auch der Farbstoff der Radieschen eignet sich als Indikator.

Entsorgung

Lösungen in Sammelbehälter für Abwasser geben.

AUFTRÄGE

1. Prüft mit Universalindikatorpapier verschiedene Lösungen aus dem Haushalt.
   Gebt jeweils nur einen Tropfen der Lösung mit einem Stäbchen darauf und notiert, welche Lösungen ihr verwendet habt.
   Wertet eure Beobachtungen aus.
2. Feuchtet einen Streifen Universalindikatorpapier an. Streut vorsichtig einige Körnchen Brausepulver darauf. Was beobachtet ihr? Deutet das Ergebnis.
3. Untersucht zu Hause, ob sich die Farbstoffe von Schwarztee und Hagebuttentee als Indikator eignen. Verwendet als saure Lösung Zitronensaft.

Saure Lösungen im Alltag

1 Angenehm sauer schmeckende Früchte

3 Sauerklee

Viele Pflanzenteile enthalten saure Lösungen. Seit langer Zeit ist den Menschen die Wirkung von Säuren auf den Geschmackssinn bekannt. Sie nutzten deshalb viele Früchte wegen ihres erfrischenden, sauren Geschmacks. Besonders bekannt ist die Zitrone. Aber auch Johannisbeeren, Sauerkirschen oder unreife Früchte enthalten Säuren. Auch in den Blättern und Stängeln vieler Pflanzen, z. B. im Sauerklee, Sauerampfer oder Rhabarber, kommen Säuren vor.

Essig und andere saure Lösungen. Essigsäurebakterien wandeln Wein leicht in Essig um. Schon im Altertum würzten die Menschen damit wegen des sauren Geschmacks ihre Speisen und verbesserten durch den Zusatz von etwas Essig den Geschmack und die Qualität des Trinkwassers. Heute dient Essig neben dem Konservieren oder Würzen verschiedener Lebensmittel auch dem Entfernen von Kalk in Kaffeemaschinen, Kochtöpfen oder von Kalkflecken an Gläsern.
Jogurt, Sauermilch, Kefir, Quark oder Sauerkraut enthalten ebenfalls saure Lösungen. Bei ihrer Herstellung wandeln bestimmte Bakterien andere Stoffe in Säuren um.
Beim genauen Betrachten von Lebensmittelverpackungen oder Haushaltschemikalien fällt oft das Wort „Säure“ auf. Saure Lösungen werden dabei zur Konservierung oder als Hilfsstoffe eingesetzt. In Wasser gelöste Citronensäure wird zunehmend im Haushalt zur Kalkentfernung eingesetzt.

2 Etiketten im Haushalt und Citronensäure

4 Mit sauren Lösungen konservierte Lebensmittel

AUFGABEN

1. Prüfe die Beschriftung von Arzneimitteln auf die Bezeichnung „Säure“.
2. Gib fünf Lebensmittel an, die eine Säure enthalten.
3. Auch bei unserer Verdauung sind saure Lösungen beteiligt. Informiere dich, wo diese zu finden sind und welche Funktion sie haben.
4. Erkunde den Unterschied zwischen Essigessenz und Speiseessig. Nenne die jeweiligen Verwendungen.

Weitere wichtige Säuren

1 Vor Säuren muss man sich schützen.

EXPERIMENT 5 [L]

Temperaturänderung beim Verdünnen von konzentrierter Schwefelsäure.

Vorsicht! Schutzscheibe! In ein ausreichend großes Becherglas werden 100 ml Wasser gegeben. Mit einem Thermometer ist die Temperatur des Wassers zu bestimmen.
Aus einer Bürette wird langsam und unter ständigem Rühren, z. B. mit einem Magnetrührer, 96%ige Schwefelsäure (C) zugetropft. Die Temperatur wird laufend gemessen.

Umgang mit Säuren. Warum muss sich der Chemiearbeiter beim Umgang mit Säuren so nachhaltig schützen? Viele Säuren wirken stark ätzend und einige sind auch giftig. Damit beim Umgang mit diesen Stoffen die Gefahren möglichst gering gehalten werden, müssen die folgenden Hinweise unbedingt beachtet werden:
- Immer Schutzbrille tragen!
- Säuredämpfe nicht einatmen!
- Säurespritzer, die auf die Haut oder Kleidung gelangt sind, sofort mit viel Wasser abwaschen!
- Beim Verdünnen von Säuren oder Säurelösungen stets zuerst das Wasser und danach die Säure zugeben.
- Unfälle der Lehrerin oder dem Lehrer melden.

Konzentration von Säurelösungen. Auch eine bestimmte Stoffportion einer sauren Lösung kann verschiedene Massen der Säure enthalten. Ist viel Säure in der sauren Lösung gelöst, handelt es sich um eine **konzentrierte Säurelösung**, ist wenig Säure gelöst, um eine **verdünnte Säurelösung**, was mithilfe der Angabe des Massenanteils *w* bestätigt wird (↗ S. 65). Die Angabe des Massenanteils *w* (Schwefelsäure) = 25% bedeutet demnach, dass 100 g Säurelösung 25 g reine Schwefelsäure enthält.

EXPERIMENT 6 [L]

Einwirkung von konzentrierter Schwefelsäure auf Zucker.

Abzug! In einem hohen Becherglas wird etwas Zucker mit 96%iger Schwefelsäure (C) versetzt.

Schwefelsäure. Schwefelsäure hat die Formel H_2SO_4. Die in reiner Form geruchlose, farblose, ölige Flüssigkeit wird konzentrierte Schwefelsäure genannt. Ihre Dichte ist mit 1,84 g/ml fast doppelt so groß wie die von Wasser. Sie reagiert mit vielen Stoffen und ist stark ätzend. Konzentrierte Schwefelsäure wirkt stark anziehend auf Wasser. Der Umgebung wird beispielsweise Luftfeuchtigkeit entzogen. Dieses Verhalten wird **hygroskopisch** genannt. Das Bestreben der konzentrierten Schwefelsäure, Wasser an sich zu ziehen, ist so groß, dass sie organischen Stoffen gebundenen Wasserstoff und Sauerstoff als Wasser entzieht.
Beim Verdünnen der konzentrierten Schwefelsäure tritt eine sehr starke Erwärmung ein. Dabei können Wasser und Säure aus dem Gefäß spritzen. Verwendet wird die konzentrierte Schwefelsäure z. B. zum Trocknen von Gasen, die nicht mit Schwefelsäure reagieren. Verdünnte Schwefelsäurelösung wird in Autobatterien, bei der Produktion von Arzneimitteln, Farbstoffen, künstlichen Textilfasern und Waschmitteln verwendet.

Chlorwasserstoffsäure. Die Chlorwasserstoffsäure, auch **Salzsäure** genannt, ist eine farblose Flüssigkeit, die sich durch das Lösen des Gases Chlorwasserstoff in Wasser bildet. Für Chlorwasserstoff und für Chlorwasserstoffsäure wird die Formel **HCl** verwendet.
Chlorwasserstoffsäure gibt es in verschiedenen Konzentrationen. „Konzentrierte Salzsäure" ist etwa 38%ig, verdünnte etwa 10%ig, der Magensaft enthält eine etwa 0,5%ige saure Lösung. Chlorwasserstoffsäure kann recht preisgünstig hergestellt werden und wird deswegen vielfach verwendet. Sie dient unter anderem zum Beseitigen von Kesselstein, Entfernen von Oxidschichten auf Metallen oder von Mörtelresten und zum Herstellen von Medikamenten, Farben oder von Traubenzucker aus Stärke.

1 Entfernen von Oxidschichten und Mörtelresten mit Salzsäure

2 Mit stickstoffhaltigen Düngemitteln gedüngtes Weizenfeld

Salpetersäure. Der Name Salpeter geht auf Ausblühungen an Steinen (lat. sal petrae – Felsensalz) zurück, aus denen früher Salpetersäure hergestellt wurde. Salpetersäure mit der Formel **HNO_3** ist eine farblose Flüssigkeit, die stark ätzend wirkt. Salpetersäure reagiert mit vielen Metallen. Nur besonders edle Metalle wie Gold oder Platin werden nicht angegriffen. Sie wird daher in der Industrie als 50%ige Lösung zur Trennung dieser Metalle von anderen relativ edlen Metallen wie Silber und Kupfer verwendet. Salpetersäure dient unter anderem zur Herstellung von Düngemitteln, Sprengstoffen, Farbstoffen und Kosmetikartikeln.

3 Cola-Getränke enthalten Phosphorsäure.

Phosphorsäure. Phosphorsäure mit der Formel **H_3PO_4** ist eine farblose, ölige Flüssigkeit. Sie wirkt in konzentrierter Form ätzend, ist aber nicht giftig. In verdünnter Form wirkt sie erfrischend und wird deswegen auch als Zusatzstoff in colahaltigen Erfrischungsgetränken verwendet. Als Lebensmittelzusatzstoff hat Phosphorsäure die EU-Nummer E 338. Phosphorsäure ist auch Bestandteil von Rostumwandlern. Der Rost reagiert mit ihr zu einer Schicht, die lackiert werden kann. Phosphorsäure ist Ausgangsstoff für wichtige Düngemittel. Diese fördern bei den Pflanzen besonders die Ausbildung von Blüten und Früchten.

AUFGABEN

1. Informiere dich, woher die Namen Schwefelsäure, Salzsäure und Kohlensäure stammen.
2. Warum darf im Chemieraum nicht gegessen oder getrunken werden?
3. Säuren dürfen niemals in Getränkeflaschen gefüllt und aufbewahrt werden. Begründe.
4. Notiere Lebensmittel aus deinem Haushalt, die Phosphorsäure als Zusatzstoff enthalten.

Chlorwasserstoff

Eigenschaften und Verwendung von Chlorwasserstoff. Chlorwasserstoff ist ein giftiges, farbloses, stechend riechendes, nicht brennbares Gas. Es bildet mit der Luftfeuchtigkeit weiße Nebel und löst sich sehr gut in Wasser. Etwa 450 l Chlorwasserstoff können sich bei 20 °C in 1 l Wasser lösen. Der Lösevorgang vollzieht sich unter starker Wärmeentwicklung. Gleichzeitig reagiert Chlorwasserstoff mit Wasser unter Bildung einer sauren Lösung, der Chlorwasserstoffsäure, auch **Salzsäure** genannt. Chlorwasserstoff wirkt deshalb ätzend auf die Schleimhäute, die Atmungsorgane und auf feuchte Haut.

In der Natur kommt Chlorwasserstoff in vulkanischen Gasen vor. Bei der unkontrollierten Verbrennung von PVC-haltigen Kunststoffabfällen bildet sich ebenfalls Chlorwasserstoff als gefährlicher Luftschadstoff. Verdünnte Salzsäure kommt im Magen vor, wo sie die Verdauung fördert und Bakterien abtötet, die mit der Nahrung in den Magen gelangen.

Chlorwasserstoff wird vielseitig verwendet, z. B. zur Herstellung von Salzsäure, von Metallchloriden und von Kunststoffen. Salzsäure wird zum Gewinnen von Metallen aus Erzen, zum Entkalken von Kesseln und Rohrleitungen, zum Aufbereiten von Tierhäuten und in der Herstellung von Kunststoffen und Chemiefasern eingesetzt.

Darstellung von Chlorwasserstoff. Chlorwasserstoff kann durch eine chemische Reaktion aus Wasserstoff und Chlor hergestellt werden. Diese Reaktion wird als Chlorwasserstoffsynthese bezeichnet. Bei der Synthese aus den Elementsubstanzen brennt Wasserstoff in Chlor mit fahlweißer Flamme. Das grüngelbe Chlorgas wird im Verlauf der Synthese verbraucht. Es bildet sich ein farbloses Gas, das mit der Feuchtigkeit im Reaktionsgefäß als weißer Nebel sichtbar ist.

Bau von Chlorwasserstoff. Chlorwasserstoff ist eine Molekülsubstanz mit der chemischen Formel HCl. In jedem Chlorwasserstoffmolekül sind ein Wasserstoffatom und ein Chloratom durch Atombindung miteinander verbunden. Diese chemische Bindung erfolgt durch ein bindendes Elektronenpaar, zu dem das Wasserstoffatom sein Elektron und das Chloratom eines seiner sieben Außenelektronen beisteuert. Dadurch erreichen das Wasserstoffatom und das Chloratom jeweils die Edelgaskonfiguration.

Die polare Atombindung. Bilden sich wie beim Chlorwasserstoff Moleküle aus verschiedenen Nichtmetallatomen, werden die gemeinsamen bindenden Elektronenpaare von den Atomen unterschiedlich stark angezogen. Im Chlorwasserstoffmolekül wird das gemeinsame Elektronenpaar stärker vom Chloratom angezogen und zu diesem hin verschoben. Wegen dieser Elektronenverschiebung hat das Chloratom eine negative Teilladung. Das Wasserstoffatom ist dagegen teilweise positiv elektrisch geladen. Die Verschiebung des bindenden Elektronenpaares führt zu einer polaren Atombindung im Chlorwasserstoffmolekül, die durch das Symbol ◄ gekennzeichnet wird. Die Kennzeichnung der elektrischen Teilladungen erfolgt in einer Formel durch die Zeichen δ+ (sprich: delta plus) und δ– (sprich: delta minus).

> In Molekülen mit Atomen verschiedener Elemente führt die unsymmetrische Verteilung des bindenden Elektronenpaares zu einer polaren Atombindung.

Steckbrief

Chlorwasserstoff
Farbe: farblos
Geruch: stechend
Aggregatzustand bei 20 °C: gasförmig
Siedetemperatur: –85 °C
Dichte: 1,639 g/l (bei ϑ = 0 °C)
Löslichkeit in Wasser: 450 l Gas in 1 l Wasser (bei ϑ = 20 °C)

EXPERIMENT 7 [L]
Lösen von Chlorwasserstoff in Wasser.
Vorsicht! Abzug! Ein mit Chlorwasserstoff (T, C) gefüllter Rundkolben wird in eine mit Wasser gefüllte Kristallisierschale getaucht. Mit einer Pipette ist etwas Wasser einzuspritzen.

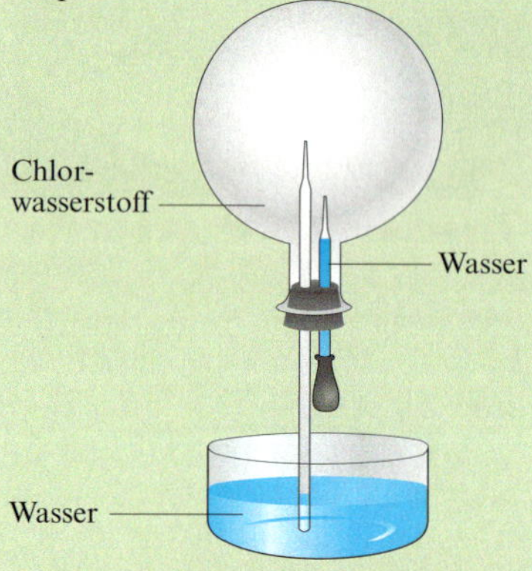

EXPERIMENT 8 [L]
Verbrennen von Wasserstoff in Chlor.
Vorsicht! Abzug! In einen mit Chlor (T, N) gefüllten Standzylinder wird ein Glasrohr mit einer Wasserstoffflamme (F+; *Knallgasprobe!*) eingeführt. Das Rohr ist langsam im Standzylinder nach unten zu führen.

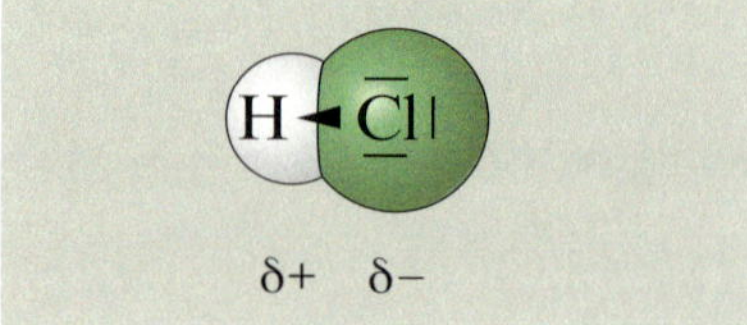

1 Molekülmodell von Chlorwasserstoff

Elektronegativität. Wie kann die Stärke der **Polarität** einer Atombindung ermittelt werden? Die Eigenschaft der Atome, die bindenden Elektronenpaare anzuziehen, wird als **Elektronegativität** bezeichnet. Als Vergleichsmaß für die Elektronegativität von Atomen der chemischen Elemente ordnete der amerikanische Chemiker LINUS PAULING (1901 bis 1994) den Elementen **Elektronegativitätswerte** (Symbol **EN**) zu. Mit diesen Werten lässt sich vergleichen, wie stark Atome bindende Elektronenpaare anziehen.
Fluor ist das Element mit dem größten Vermögen, Elektronenpaare anzuziehen. Dem Fluor wurde der Elektronegativitätswert EN = 4,0 zugeordnet. Die Werte der anderen Elemente ergeben sich aus Berechnungen.
In einem Molekül lässt sich die Polarität der Atombindung aus der Differenz der Elektronegativitätswerte der chemischen Elemente abschätzen. Je größer diese Differenz ist, umso stärker ist das gemeinsame Elektronenpaar zum Atom mit dem größeren Elektronegativitätswert verschoben. Die Polarität der Atombindung ist folglich umso größer.

H 2,1							**He** –
Li 1,0	**Be** 1,5	**B** 2,0	**C** 2,5	**N** 3,0	**O** 3,5	**F** 4,0	**Ne** –
Na 0,9	**Mg** 1,2	**Al** 1,5	**Si** 1,8	**P** 2,1	**S** 2,5	**Cl** 3,0	**Ar** –
K 0,8	**Ca** 1,0	**Ga** 1,6	**Ge** 1,8	**As** 2,0	**Se** 2,4	**Br** 2,8	**Kr** –
Rb 0,8	**Sr** 1,0	**In** 1,7	**Sn** 1,8	**Sb** 1,9	**Te** 2,1	**I** 2,5	**Xe** –

1 Elektronegativitätswerte (EN) der Hauptgruppenelemente der 1. bis 5. Periode nach PAULING

> Aus der Differenz der Elektronegativitätswerte der chemischen Elemente lässt sich die Polarität der Atombindung in einem Molekül abschätzen.

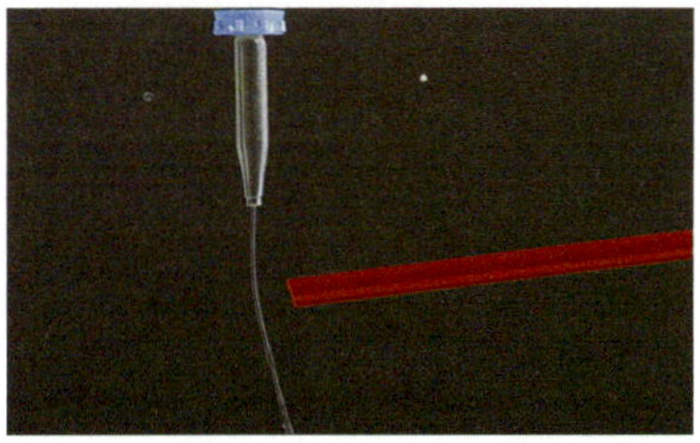

2 Ein elektrisch geladener Kunststoffstab lenkt einen Wasserstrahl ab.

Der räumliche Bau von Molekülen – Dipolmoleküle. Warum ist die Siedetemperatur von Chlorwasserstoff oder von Wasser im Vergleich zu anderen Verbindungen mit ähnlich kleinen Molekülen so hoch? Weshalb wird ein dünner Wasserstrahl im elektrischen Feld abgelenkt?
Es ist zu vermuten, dass zwischen den Molekülen Anziehungskräfte wirken, die auf der Polarität der Bindungen und dem räumlichen Bau der Moleküle beruhen.
Chlorwasserstoff- und Wassermoleküle sind **Dipolmoleküle**. In diesen Molekülen existieren getrennte Ladungsschwerpunkte für die positive und die negative elektrische Teilladung. Zwischen solchen Molekülen bestehen elektrostatische Anziehungskräfte. Der positive Pol eines Moleküls orientiert sich zum negativen Pol eines Nachbarmoleküls.

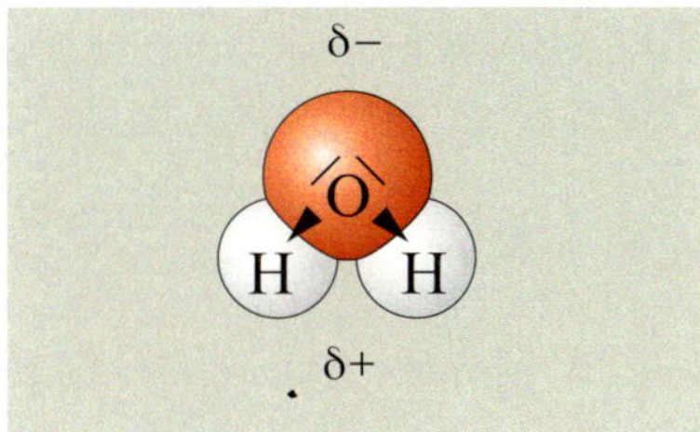

3 Molekülmodell von Wasser

> Dipolmoleküle sind Moleküle, die einen positiven und einen negativen Ladungsschwerpunkt besitzen.

Elektronenpaarabstoßungsmodell. Wie kann der räumliche Bau von Molekülen vorhergesagt werden?
Auf den räumlichen Bau von Molekülen haben nicht nur bindende, sondern auch freie Elektronenpaare der Atome Einfluss. Voraussagen zum Bau von Molekülen ermöglicht das von den Chemikern RONALD J. GILLESPIE (* 1924) und Sir RONALD S. NYHOLM (1917 bis 1971) entwickelte **Elektronenpaarabstoßungsmodell**. Bei diesem Modell werden die Außenelektronen der gebundenen Atome zu Elektronenpaaren geordnet. Sowohl alle bindenden als auch alle nicht bindenden Elektronenpaare werden in die Betrachtung einbezogen. Die Elektronenpaare an den Atomen im Molekül stoßen sich aufgrund ihrer negativen elektrischen Ladung gegenseitig ab. Die Elektronenpaare ordnen sich dabei räumlich so an, dass ihre gegenseitige elektrostatische Abstoßung so gering wie möglich ist. Freie Elektronenpaare stoßen sich dabei mehr ab als bindende.
Für das Wassermolekül, das aus drei Atomen besteht, ergibt sich ein gewinkelter Bau.

AUFGABEN

1. Ermittle mithilfe des Periodensystems der Elemente einen Zusammenhang zwischen dem Elektronegativitätswert eines Elements und seinem Atombau.
2. Berechne die Polarität der Bindungen im Chlorwasserstoff- und im Wassermolekül.
3. Wie könnten die Wassermoleküle im elektrischen Feld angeordnet sein. Entwickle zeichnerisch eine Modellvorstellung.

Warum reagieren saure Lösungen sauer?

Auf dem Bild oben sind Chlorwasserstoffgas, flüssige Phosphorsäure und feste Ascorbinsäure (Vitamin C) abgebildet. Ihre wässrigen Lösungen reagieren sauer. Wie verhält es sich bei ihnen mit der elektrischen Leitfähigkeit?

EXPERIMENT 9 [S] 
Prüfe saure Lösungen auf elektrische Leitfähigkeit.
10%ige Chlorwasserstoffsäure (Xi), 10%ige Phosphorsäure (Xi) und eine Lösung von einer Spatelspitze Ascorbinsäure in 20 ml Wasser werden auf elektrische Leitfähigkeit untersucht.
Deute das Ergebnis. Nenne mögliche Ursachen.
Entsorgung: Lösungen in Sammelbehälter für Abwasser.

EXPERIMENT 10 [L] 
Elektrische Leitfähigkeit von reinen Säuren.
Trockener Chlorwasserstoff (T, C), 85%ige Phosphorsäure (C) und trockene Ascorbinsäure werden auf elektrische Leitfähigkeit geprüft.

Teilchen in saurer Lösung. Die Säuren bestehen aus Molekülen und leiten deshalb den elektrischen Strom nicht. Werden die Säuren in Wasser gelöst, lässt sich eine elektrische Leitfähigkeit feststellen. Die elektrische Leitfähigkeit eines Stoffes setzt aber das Vorhandensein frei beweglicher Ladungsträger voraus. In Lösungen sind das die Ionen (↗ S. 37).
Wie kommen Ionen in die Säurelösung?
Diese Frage lässt sich am Beispiel der Chlorwasserstoffsäure beantworten, weil deren Zusammensetzung besonders einfach ist.
Ein Molekül Chlorwasserstoff mit der Formel HCl besteht aus einem Wasserstoffatom, das mit einem Chloratom verbunden ist. Chlorwasserstoffmoleküle reagieren mit Wassermolekülen in einer chemischen Reaktion. Dabei dissoziieren die Chlorwasserstoffmoleküle in Ionen.

Chlorwasserstoffmolekül ⟶ Wasserstoff-Ion + Chlorid-Ion
$HCl \longrightarrow H^+ + Cl^-$

Für diese Reaktion lässt sich eine Reaktionsgleichung formulieren, die als **Dissoziationsgleichung** bezeichnet wird. Das Wasser, in dem die Dissoziation stattfindet, wird oft in der Gleichung weggelassen. Da bei diesem Vorgang Ionen entstehen, wird diese Art der Reaktionsgleichung auch als Ionengleichung bezeichnet.

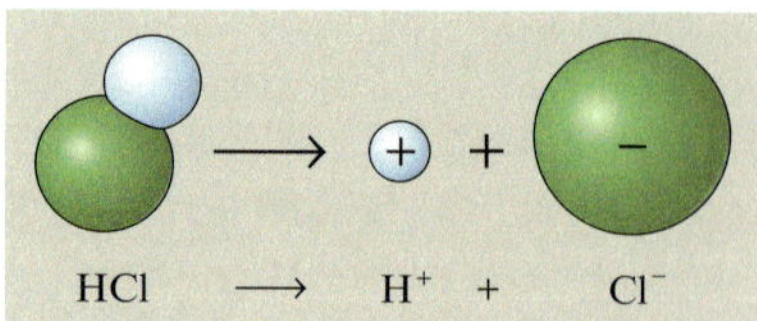

1 Modell der Dissoziation und Dissoziationsgleichung

Wie ist das saure Verhalten einer Lösung zu erklären? In der sauren Chlorwasserstofflösung sind nur drei verschiedene Teilchenarten vorhanden. Dies sind Wassermoleküle, Chlorid-Ionen und Wasserstoff-Ionen. Auf welche dieser Teilchen ist das saure Verhalten zurückzuführen?

EXPERIMENT 11 [S]
Prüfe Wasser mit Universalindikator und Lackmus.
Versetze in einem Reagenzglas 1 ml Wasser mit 4 Tropfen Universalindikatorlösung. Wiederhole das Experiment mit Lackmuslösung.
Notiere deine Beobachtungen. Überlege dir Alltagserfahrungen, die dein Ergebnis bestätigen.
Entsorgung: Reste in Sammelbehälter für Abwasser.

EXPERIMENT 13[L]
Reaktionswärme beim Lösen von Chlorwasserstoff.
Abzug! Ein Thermometer wird am unteren Ende mit feuchter Watte umwickelt. Danach wird es in ein mit Chlorwasserstoff (T, C) gefülltes Gefäß gehalten. Während des Experiments wird laufend die Temperatur abgelesen.

Eine Natriumchloridlösung enthält ebenso wie die Lösung von Chlorwasserstoff in Wasser Chlorid-Ionen (↗ S. 66). Sollten die Chlorid-Ionen für das saure Verhalten verantwortlich sein, müsste dies auch in einer Natriumchloridlösung feststellbar sein.

EXPERIMENT 12 [S]
Prüfe Natriumchloridlösung und Chlorwasserstoffsäure mit Universalindikator und Lackmus.
Löse wenig Natriumchlorid in Wasser und verteile die Lösung auf zwei Reagenzgläser. Gib je 4 Tropfen Universalindikatorlösung in das eine und Lackmuslösung in das andere Reagenzglas.
Wiederhole dieses Experiment mit 5%iger Chlorwasserstoffsäure.
Vergleiche deine Beobachtungen.
Entsorgung: Lösungen in Sammelbehälter für Abwasser.

Die ausbleibende Farbänderung der Indikatoren ergibt, dass weder Wasser noch eine Natriumchloridlösung sauer reagieren. Daraus lässt sich ableiten, dass weder die Wassermoleküle noch die Chlorid-Ionen das saure Verhalten der Chlorwasserstoffsäure bedingen.
Somit ist das saure Verhalten einer Lösung offensichtlich auf das Vorhandensein von Wasserstoff-Ionen zurückzuführen.
Dieses Ausschlussverfahren ist ein Hinweis, aber noch kein Beweis für die Richtigkeit dieser Behauptung. Um diese Annahme zu sichern, müssen noch weitere Beweise erbracht werden.

AUFGABEN

1. Die elektrische Leitfähigkeit nimmt beim Verdünnen von Chlorwasserstoffsäure erst zu und dann wieder ab. Was lässt sich daraus schlussfolgern?
2. Begründe die elektrische Leitfähigkeit einer Natriumchloridlösung.
3. Stelle die Dissoziationsgleichung des Lösens von Natriumchlorid in Wasser und der Reaktion von Chlorwasserstoff und Wasser auf.
4. Feste Ascorbinsäure leitet im Gegensatz zu ihrer Lösung den elektrischen Strom nicht. Begründe.
5. Beschreibe die Teilchenveränderung bei der Reaktion von Chlorwasserstoffgas mit Wasser.
6. Ein Zuckerwürfel zerfällt, wenn er in Wasser gegeben wird. Ist das eine Dissoziation? Plane ein Experiment, mit dem du dies untersuchen kannst. Stelle gegebenenfalls die Dissoziationsgleichung auf.
7. Wie verändert sich die Farbe von Universalindikator in Chlorwasserstoffsäure, wenn die saure Lösung immer weiter verdünnt wird?
8. Trockenes Indikatorpapier zeigt in reinem, trockenem Chlorwasserstoffgas keine Farbänderung. Wie ist dies zu erklären?
9. Erläutere, warum Indikatorpapier vor seiner Verwendung angefeuchtet werden sollte.

1 Labor im 18. Jahrhundert

2 Robert Boyle (1627 bis 1691)

EXPERIMENT 14 [S]

Untersuche die Reaktion von Säuren mit Universalindikator.

Tropfe auf je einen kurzen Streifen Universalindikatorpapier jeweils einen kleinen Tropfen 5%ige Schwefelsäure (Xi), Phosphorsäure, Salpetersäure (C), Chlorwasserstoffsäure, schweflige Säure (Xi) und Kohlensäure.

Vergleiche die Reaktionen. Notiere deine Beobachtungen.

Entsorgung: Reste in Sammelbehälter für Hausmüll geben.

Was ist eine Säure? Schon im Altertum erkannte man Säuren als Stoffe, die sauer schmecken. Die Reaktion von Säuren mit Lackmus war ebenfalls bekannt.

1663 bestimmte der englische Wissenschaftler Robert Boyle Säuren als Stoffe, die sauer schmecken und bestimmte Farbstoffe rot färben. Außerdem fiel die zerstörende Wirkung von Säuren auf Marmor und Metalle auf. Im Laufe der Zeit wurden immer mehr Säuren bekannt. Zufällig enthielten diese neben anderen Elementen auch Sauerstoff. Der Franzose Antoine L. Lavoisier formulierte, dass alle Säuren Sauerstoff enthalten und bei der Reaktion von Nichtmetalloxiden mit Wasser entstehen. Offensichtlich kannte er die Zusammensetzung der Chlorwasserstoffsäure nicht.

Wir kennen Säuren bisher als Stoffe, die in wässriger Lösung mit Indikatoren eine bestimmte Farbänderung zeigen (Experiment 14) und den elektrischen Strom leiten. Genauer wird die Erklärung, wenn nicht nur die Wirkungen, sondern die entstehenden Teilchen in der wässrigen Lösung betrachtet werden. Die Formeln geben die Zusammensetzung der Säuremoleküle an:

- Schwefelsäure H_2SO_4
- schweflige Säure H_2SO_3
- Kohlensäure H_2CO_3
- Phosphorsäure H_3PO_4
- Salpetersäure HNO_3
- Chlorwasserstoffsäure HCl

Aus der übereinstimmenden Reaktion mit dem Indikator und der elektrischen Leitfähigkeit kann gefolgert werden, dass alle Säurelösungen einen gemeinsamen Bestandteil haben. Einziges gemeinsames Teilchen ist, wie zuvor schon vermutet, das Wasserstoff-Ion.

Schon gewusst?

Die Namen von Säuren wurden früher oft nach den Stoffen gebildet, in denen sie entdeckt oder aus denen sie hergestellt wurden. Zum Beispiel fand man Essigsäure im Essig, Milchsäure in saurer Milch und Citronensäure in Zitronen. Aus Kochsalz kann Salzsäure, aus Schwefel Schwefelsäure und aus Salpeter Salpetersäure hergestellt werden.

Der Schwede SWANTE A. ARRHENIUS (1859 bis 1927) bezog sich 1884 bei seiner Definition des Begriffs Säure auf die Dissoziation einer Säure in wässriger Lösung. Er definierte Säuren wie folgt:

> Säuren sind Stoffe, die in einer wässrigen Lösung positiv elektrisch geladene Wasserstoff-Ionen bilden.

1 SVANTE A. ARRHENIUS

Dissoziationsgleichungen. Analog zur Dissoziation von Chlorwasserstoff in Wasser lassen sich für die Dissoziation von Säuren in Wasser Dissoziationsgleichungen schreiben.
Wie schon erwähnt, wird das Wasser in der Reaktionsgleichung, da es bei dieser chemischen Reaktion rechts und links des Reaktionspfeils unverändert steht, weggelassen.
Die Dissoziation ist eine umkehrbare Reaktion. Bei Wasserentzug treten die Ionen wieder zu den Säuremolekülen zusammen. Das wird in der Reaktionsgleichung durch einen Doppelpfeil $\rightleftharpoons$ ausgedrückt.
Zum Beispiel:

Schwefelsäuremoleküle $\rightleftharpoons$ Wasserstoff-Ionen + Sulfat-Ionen
$H_2SO_4 \rightleftharpoons 2\,H^+ + SO_4^{2-}$

Kohlensäuremoleküle $\rightleftharpoons$ Wasserstoff-Ionen + Carbonat-Ionen
$H_2CO_3 \rightleftharpoons 2\,H^+ + CO_3^{2-}$

Phosphorsäuremoleküle $\rightleftharpoons$ Wasserstoff-Ionen + Phosphat-Ionen
$H_3PO_4 \rightleftharpoons 3\,H^+ + PO_4^{3-}$

Werden mehrere Wasserstoffatome der Säuremoleküle in positiv elektrisch geladene Wasserstoff-Ionen umgewandelt, dann trägt das übrig bleibende Ion genau die gleiche Anzahl negativ elektrisch geladene Ladungen.

Säurerest-Ionen. Neben den Wasserstoff-Ionen werden bei der Dissoziation der Säuren Säurerest-Ionen gebildet. Das Sulfat-Ion (SO_4^{2-}) ist z. B. das Säurerest-Ion der Schwefelsäure, das Nitrat-Ion (NO_3^-) das der Salpetersäure, das Chlorid-Ion (Cl^-) das der Chlorwasserstoffsäure. Jede Säure hat ein anderes Säurerest-Ion. Deshalb lassen sich saure Lösungen durch Bestimmen ihrer Säurerest-Ionen unterscheiden.
Die meisten von ihnen bestehen aus Atomen unterschiedlicher Elemente. In diesem Falle spricht man von **zusammengesetzten Ionen**.
Ihre Benennung erfolgt, indem vom verkürzten lateinischen Namen des Nichtmetalls ausgegangen wird. Schwefel, lat. sulphur, wird auf „Sulf" verkürzt und mit einer Endung, z. B. „at" bzw. „it", versehen.

Säure		Säurerest-Ion	
Name	Formel	Formel	Name
Schwefelsäure	H_2SO_4	SO_4^{2-}	Sulfat-Ion
schweflige Säure	H_2SO_3	SO_3^{2-}	Sulfit-Ion
Salzsäure	HCl	Cl^-	Chlorid-Ion
Salpetersäure	HNO_3	NO_3^-	Nitrat-Ion
Phosphorsäure	H_3PO_4	PO_4^{3-}	Phosphat-Ion

AUFGABEN

1. Notiere die Wort- und Dissoziationgleichung für die Dissoziation von Salpetersäure und schwefliger Säure.
2. Vergleiche die Dissoziation der Chlorwasserstoffsäure mit der des Natriumchlorids.
3. Ermittle im Tafelwerk Namen und Formel weiterer Säuren.
4. Erläutere den Vorgang der Dissoziation am Beispiel der Salpetersäure.
5. Chlorwasserstoffsäure heißt auch Salzsäure. Warum wohl?
6. Nenne Namen und Formeln von Säuren, die das Element Schwefel enthalten.

Reaktionen von Metallen mit Säuren

1 Patina – Reaktionsprodukt von Kupfer mit einer Säure

Um Gold von anderen Metallen oder Legierungen zu unterscheiden, wurde die unterschiedliche Reaktionsfähigkeit mit Säuren genutzt. Mithilfe welcher Säuren ist die Unterscheidung von Kupfer und Gold möglich?

EXPERIMENT 15 [S] Xi

Untersuche die Wirkung von Salzsäure auf Metalle.
Gib etwa gleich große Stücke Magnesiumblech, Eisenblech, Zinkblech und Kupferblech in jeweils ein Reagenzglas. Füge in jedes Reagenzglas etwa 5 ml 10%ige Salzsäure (Xi) hinzu.
Vergleiche deine Beobachtungen. Werte sie mithilfe einer Tabelle aus.
Entsorgung: Lösungen in Sammelbehälter für Abwasser, Feststoffe werden wieder verwendet.

Metalle und verdünnte Säuren. Zink reagiert mit Salzsäure, dabei entstehen Wasserstoff und eine Zinkchloridlösung. Bei dieser Reaktion wirken die Zinkatome als Elektronendonatoren, die Wasserstoff-Ionen als Elektronenakzeptoren. Es findet also eine Redoxreaktion statt.

$$\begin{array}{lllll} \text{Oxidation:} & Zn & \longrightarrow & Zn^{2+} + 2\,e^- & \\ \text{Reduktion:} & 2\,H^+ + 2\,e^- & \longrightarrow & & H_2 \\ \hline \text{Redoxreaktion:} & Zn + 2\,H^+ & \longrightarrow & Zn^{2+} + & H_2 \end{array}$$

Analog verläuft die Redoxreaktion von Magnesium mit Salzsäure. Die Magnesiumatome geben Elektronen ab, es bilden sich Magnesium-Ionen. Die Elektronen werden von Wasserstoff-Ionen aufgenommen, es entstehen Wasserstoffatome und aus diesen Wasserstoffmoleküle. Es reagieren aber nicht alle Metalle mit verdünnten Säuren, wie z. B. Kupfer und andere edle Metalle, wie Silber, Quecksilber, Platin oder Gold. Das Oxidationsmittel „verdünnte Säure" ist nicht stark genug, um den Atomen dieser Edelmetalle die Elektronen zu entreißen. Konzentrierte Salpetersäure ist ein sehr starkes Oxidationsmittel. Kupfer und seine Legierung Messing reagieren mit Salpetersäure, Gold dagegen nicht. Damit haben wir das Mittel gefunden, mit dem die klugen Goldschmiede FRIEDRICHS DES GROSSEN Gold von Kupfer und Messing unterscheiden konnten.

Schon gewusst?

FRIEDRICH DER GROßE (1712–1786) brauchte für Kriege, den Bau von Schlössern und die Kultivierung ausgedehnter Gebiete sehr viel Geld. Eines Tages kam sein Kammerdiener MICHAEL GABRIEL FREDERSDORF (1708 bis 1758), mit dem der König in Freundschaft verbunden war, auf die Idee, einen der vielen „Goldmacher" jener Zeit nach Potsdam zu holen. FRIEDRICH lehnte ab und riet, indem er sich der Sprache eines ungebildeten Dieners bediente: „Lasse nuhr von jeder Schmelze ein Stük durch einen guhten Goldtschmit probiren, der wirdt Sehen, ob es Mesink, Kupfer oder Goldt ist. Aber ich bin fast gewiß und überzeugt, daß es wieder Windt Sein Wirdt."

2 Reaktion von Kupfer mit konzentrierter Salpetersäure

1 Unterschiedliche Reaktion von Metallen mit verdünnter Salzsäure

Schon gewusst?

Als Scheidewasser wird Salpetersäure mit einem Massenanteil von 50 bis 55% bezeichnet. Sie wurde früher zur Scheidung von Silber und Kupfer aus Goldlegierungen und zur Feingehaltsbestimmung von Goldmünzen verwendet. Diese Lösung greift Gold nicht an, reagiert aber mit Silber und Kupfer und löst diese aus der Goldlegierung heraus. Um das „königliche" Gold auflösen zu können, kann Königswasser, ein Gemisch aus Salzsäure und Salpetersäure im Verhältnis 3 : 1, verwendet werden.

Unedle und edle Metalle. Im Experiment reagieren die unedlen Metalle Magnesium, Zink und Eisen mit verdünnter Salzsäure. Magnesium reagiert am heftigsten, Zink weniger heftig und Eisen am schwächsten. Magnesium ist unedler als Zink, Zink ist unedler als Eisen.
Die Edelmetalle Kupfer, Silber, Gold und Platin reagieren erst mit stärkeren Oxidationsmitteln wie z. B. konzentrierter Salpersäure, Scheidewasser, Königswasser oder gar nicht.

Unedle Metalle reagieren mit verdünnten Säurelösungen zu Wasserstoff und ihren Salzlösungen. Die Säurelösungen sind dabei das jeweilige Oxidationsmittel. Edle Metalle werden nur von starken Oxidationsmitteln oxidiert.

Redoxreaktionen im Alltag. Saure Lösungen reagieren im Alltag mit Metallen. So darf z. B. Sauerkraut nicht in einem Aluminiumkochtopf gekocht werden, da sonst die im Sauerkraut enthaltene Oxalsäure das Aluminium oxidiert. Dadurch wird der Geschmack verändert. Zudem ist die Aufnahme von Metall-Ionen für unsere Gesundheit bedenklich.
Weißblechdosen, die eingemachtes Obst enthalten, dürfen nicht offen stehen gelassen werden, da die Obstsäuren das Blech angreifen. Auch hier können Metall-Ionen entstehen.
Ebenso werden Orgelpfeifen aus Blei langsam an der Luft oxidiert, wodurch ein erheblicher Schaden bei den historisch wertvollen Instrumenten entsteht.

2 Platinen werden in verdünnten Säurelösungen geätzt.

AUFGABEN

1. Eisen reagiert mit Salzsäure. Entwickle die Reaktionsgleichung mit Elektronenabgabe und -aufnahme. Ordne die Begriffe Oxidation, Reduktion, Oxidations- und Reduktionsmittel zu.
2. Erläutere die Begriffe Elektronendonator und Elektronenakzeptor.
3. Recherchiere im Internet weitere Beispiele für Redoxreaktionen von Säuren mit Metallen im Alltag.
4. Wiederhole die Aufgabenstellung 1 am Beispiel der Reaktion von Magnesium mit Salzsäure. Ordne den Reaktionspartnern auch die Begriffe Elektronendonator und Elektronenakzeptor zu.
5. Vergleiche die Reaktion von Eisen mit Sauerstoff mit der von Eisen mit Salzsäure.
6. Warum sollte Essigreiniger nicht bei der Reinigung von Chromarmaturen eingesetzt werden?

Projekt

Saurer Regen

1 Frei stehende Statue – Zustand 1882 und 1992

2 Geschädigte Eiche

3 Saurer Regen zerstört auch Metalle.

Bauwerke oder Statuen haben als Zeugnisse der Menschheitsgeschichte oft viele Jahrhunderte relativ unbeschadet überdauert. Seit einigen Jahrzehnten ist jedoch ein zunehmend schnellerer Verfall zu beobachten. In der gleichen Zeit wurde auch das „Waldsterben" zu einem Thema in den Medien. Heute ist bekannt, dass der saure Regen die wichtigste Ursache dafür ist.

Planung. Überlegt, welche Fragen euch zum Thema „saurer Regen" besonders interessieren. Entscheidet euch eventuell auch für solche Fragen, die nicht nur euch besonders wichtig erscheinen, sondern auch für die Menschen in eurer Umgebung interessant sein könnten. Einigt euch, welche der Probleme ihr lösen wollt. Bedenkt dabei den wichtigen Zusammenhang zwischen Mensch, Natur und Technik. Hier einige Anregungen:
Welche Auswirkungen hat der saure Regen auf die Gesundheit der Menschen? Gibt es besondere Erkrankungen?
Schädigt er auch Tiere und Pflanzen? Wenn ja, welche besonders? Gibt es Gebiete, die besonders betroffen sind?
Welche anderen schädlichen Auswirkungen hat saurer Regen z. B. an Gebäuden, Brücken oder Fahrzeugen? Welche Folgekosten ergeben sich durch Vorbeugemaßnahmen, Reparaturen und vorzeitige Erneuerung? Gibt es auch nützliche Wirkungen?
Wer verursacht die Entstehung des sauren Regens? Was könnten die Menschen tun, um die Bildung von saurem Regen zu vermeiden, und was lässt sich gegen die schädlichen Wirkungen unternehmen?
Gibt es noch Gegenden der Erde, in denen es keinen sauren Regen gibt? Wie verhalten sich die einzelnen Länder der Welt? Was hat sich in deiner Umgebung in den letzten Jahren geändert?
Die UNO bewertet das Rauchen als Umweltproblem Nr. 1. Was meint ihr dazu?

Arbeiten am Projekt. Wichtig ist es zu überlegen, woher ihr euch Informationen beschaffen könnt. Denkt dabei auch an das Internet. Ihr könnt auch betroffene Personen oder „Experten", z. B. in Betrieben, nach ihrer Meinung befragen.
Entwickelt selbst Experimente, besprecht diese mit eurer Lehrerin oder eurem Lehrer und führt sie durch. Einige Experimentiervorschläge findet ihr auf der nächsten Seite.

1 Luftverschmutzung

EXPERIMENT 1 [S]

Untersuche Regenwasser.

Plane Experimente zur Untersuchung von Regenwasser. Überlege dir, welche Eigenschaft du untersuchen möchtest und was du für Geräte oder Chemikalien benötigst. Möglich ist dabei auch, Regenwasser von unterschiedlichen Orten oder zu unterschiedlichen Tageszeiten aufzufangen und zu untersuchen. Vielleicht gibt es auch Unterschiede, wenn der Regen zu Beginn und nach 30 Minuten aufgefangen wurde.
Mach dir auch Gedanken zur Experimentauswertung sowie zur Aussagekraft der Ergebnisse.

EXPERIMENT 2 [S] Xi

Untersuche die Wirkung von schwefliger Säure auf Pflanzen.

Plane Experimente, mit denen du die Wirkung von schwefliger Säure (Xi) auf Pflanzenteile untersuchen kannst. Überlege dir vorher, welche und wie Pflanzenteile zur Untersuchung unter den gegebenen Bedingungen benutzt werden können. Bedenke auch, wie du die Auswirkungen der schwefligen Säure auf die Versuchsbedingungen von natürlichen Reaktionen unterscheiden kannst.

EXPERIMENT 3 [S]

Untersuche die Wirkung von sauren Lösungen auf kalkhaltige Stoffe.

Plane Experimente, mit denen du die Wirkung von sauren Lösungen auf kalkhaltige Stoffe, wie z. B. Marmor, Mauerputz, Sandstein, Eierschalen und Schneckengehäuse, untersuchen kannst.

Präsentation der Ergebnisse. Bei eurer Arbeit habt ihr festgestellt, dass in den einzelnen Gruppen viel Material entstanden ist, das zunächst geordnet werden muss. Ihr könntet die Ergebnisse eurer Arbeit den anderen Gruppen vorstellen, sie diskutieren und untersuchen, welche Verknüpfungen es zwischen den Ergebnissen der einzelnen Arbeitsgruppen gibt. Legt dann eventuell fest, was und vor allem wie ihr eure Untersuchungsergebnisse und Schlussfolgerungen in der Öffentlichkeit präsentieren möchtet.

2 Rauchgasentschwefelungsanlage

3 Schwefelfreier Kraftstoff

Schwefelsäure – das „Blut der Chemie“

Ein ganz normaler Tag? Morgens hast du dir die Zähne geputzt und danach einen warmen Wollpullover angezogen. In der Schule hast du während der Stunde das Tafelbild in dein Heft abgeschrieben und im Kunstunterricht mit Klebstoff gearbeitet. Dein Vollkornbrötchen in der Pause hat prima geschmeckt – nur leider hast du dich mit Marmelade bekleckert. Aber auch das macht nichts: Zu Hause wäschst du deine Sachen schnell in der Waschmaschine. Alle Vorgänge sind für dich selbstverständlich und alltäglich. Aber weißt du auch, dass du ständig mit einer wichtigen Chemikalie zu tun hattest?

Übrigens

Im Jahr 2000 wurden weltweit 165 Mio. t Schwefelsäure produziert. Das entspricht einer Masse von 450 000 t pro Tag. Experten rechnen in den nächsten Jahren mit einem Wachstum von jeweils 10 % pro Jahr und dem Bau neuer Schwefelsäureanlagen. Vor allem die chinesische und die russische Wirtschaft tragen zu dieser Entwicklung bei.

1 Für die Herstellung von Waschmitteln (links) und Sprengstoffen (rechts) wird ebenfalls Schwefelsäure verwendet.

Schwefelsäure – eine wichtige Grundchemikalie. Die Bezeichnung „Blut der Chemie“ stammt aus der Zeit der gewaltigen Entwicklung der chemischen Industrie im 19. Jahrhundert. Die Schwefelsäureproduktion nimmt in der Wirtschaft eines Landes eine Schlüsselstellung ein. Außerordentlich viele Erzeugnisse werden unter Verwendung von Schwefelsäure hergestellt. Im Alltag begegnet uns Schwefelsäure daher indirekt. Nicht immer ist Schwefelsäure bei der eigentlichen Produktherstellung als Reaktionspartner beteiligt. Oft wird sie auch zum Reinigen, Beizen von Stoffen oder zum Trocknen von Gasen verwendet. Aber auch als Reaktionspartner ist Schwefelsäure im Einsatz. Einige Stoffe, bei deren Produktion Schwefelsäure benötigt wird, werden auf diesen Seiten vorgestellt.

2 Schwefelsäure ist Ausgangsstoff bei der Herstellung von Düngemitteln.

Verwendung von Schwefelsäure. Konzentrierte Schwefelsäure wird in großem Maße für die Produktion von Farbstoffen verwendet. Für die Herstellung des Weißpigments Titan(IV)-oxid für Kosmetik und Malerfarben werden titanhaltige Mineralien mit konzentrierter Schwefelsäure aufgeschlossen.

1 Schwefelsäure ist Hilfsmittel bei der Herstellung von Farbstoffen.

2 Die hergestellten Farbstoffe werden beim Färben in der Textilindustrie eingesetzt.

3 Schwefelsäure wird in Bleiakkumulatoren verwendet.

Übrigens

Auch für spezialisierte Produkte wird Schwefelsäure verwendet: So werden kugelsichere Westen mit einer hochfesten Faser hergestellt, bei deren Produktion ebenfalls Schwefelsäure benötigt wird.

Ein großer Teil der für Produktionszwecke eingesetzten Schwefelsäure wird von der Düngemittelindustrie benötigt. Wichtige Stickstoffdünger, wie z. B. Superphosphat, werden künstlich hergestellt.
Beim Einleiten von Ammoniak in Schwefelsäure entsteht das Düngemittel Ammoniumsulfat.
Wenn Schwefelsäure mit Salpetersäure versetzt wird, bildet sich Nitriersäure. Nitriersäure wird bei der Herstellung von Sprengstoffen, wie Trinitrotoluol (TNT) und Nitroglycerin, verwendet.
In Autobatterien wird Schwefelsäure als Elektrolyt (leitende Flüssigkeit) eingesetzt. Da es sich um Säure handelt, muss man aufpassen, dass die Batterie nicht ausläuft. Auch auf die Entsorgung alter Batterien muss geachtet werden, in der Regel werden Altbatterien vom Händler zurückgenommen und in Spezialeinrichtungen sachgerecht entsorgt.

AUFTRÄGE

1. Recherchiere im Internet, für welche Produkte Schwefelsäure benötigt wird. Fertige hierzu eine Übersicht an.
2. Erkundige dich, welche Folgen für die Umwelt die wirtschaftliche Entwicklung der Schwefelsäureproduktion darstellt. Für welche Produktionszweige benötigt China verstärkt Schwefelsäure?

Wie ist der Weg vom Schwefel bis zur Schwefelsäure? Schwefel ist ein Ausgangsstoff zur Herstellung von Schwefelsäure. Er kommt in der Natur als Elementsubstanz und gebunden vor, z. B. in Erzen.
Häufig auftretende Schwefelverbindungen sind Metallsulfide, wie z. B. Eisenkies (FeS_2), Kupferkies ($CuFeS_2$) und Bleiglanz (PbS). Der in der Natur als Elementsubstanz vorkommende Schwefel wird aus den unterirdischen Lagerstätten gefördert.

1 Schwefel wird in Blöcke zerteilt und verladen.

2 Kupferkies

EXPERIMENT 1 [S] T

Verbrenne Schwefel.
Vorsicht! Abzug! Bohre einen Eisendraht durch einen Stopfen. Erwärme den Draht und tauche ihn in Schwefelpulver. Entzünde den Schwefeltropfen am Draht und tauche den Draht schnell in einen Erlenmeyerkolben mit Sauerstoff. Verschließe das Gefäß mit dem Stopfen. Nachdem der Schwefel verbrannt ist (T), gib 5 ml Wasser hinzu und schüttle. Gib anschließend 2 Tropfen Universalindikator hinzu.
Beobachte und deute die Beobachtungsergebnisse.
Entsorgung: Flüssigkeit in Sammelbehälter für Abwasser.

Bildung von Schwefeldioxid. Schwefel verbrennt in Sauerstoff mit charakteristischer blauer Flamme zu Schwefeldioxid (SO_2). In der großtechnischen Schwefelsäureherstellung vollzieht sich dieser erste Reaktionsschritt in riesigen Verbrennungsöfen. In ihnen wird Schwefel mit dem Sauerstoff der Luft oxidiert. Das dabei entstehende Schwefeldioxid ist ein farbloses, stechend riechendes Gas, das die Schleimhäute reizt und bakterientötend wirkt.

Reaktion zu Schwefeltrioxid. Der nächste Schritt auf dem Weg zur Schwefelsäure ist die Oxidation von Schwefeldioxid zu Schwefeltrioxid. Dabei reagiert Schwefeldioxid mit Sauerstoff unter Verwendung eines Katalysators zu Schwefeltrioxid. Die Reaktion wird bei etwa 400 bis 450 °C durchgeführt und mit einem Überschuss an Luft als Sauerstofflieferant. Die maximale Ausbeute wird durch den Einsatz des Katalysators bei einer Reaktionstemperatur von 420 °C erzielt.

$$2\,SO_2 + O_2 \rightleftharpoons 2\,SO_3 \quad | \text{ exotherm}$$

Übrigens

Der 2400 m hoch gelegene Vulkan Kawah Ijen auf der Insel Java (Indonesien) birgt in seinem Innern riesige Mengen an elementarem Schwefel. Aus dem Kratersee steigen ätzende schwefelsäurehaltige Dämpfe auf. Am Ufer des Sees werden Rohre in das Gestein getrieben, durch die der Schwefel flüssig und begleitet von Dampfwolken heraustritt. Abgekühlt wird er von Arbeitern in Blöcke zerteilt und in Körbe verladen. Die 70 bis 90 kg schweren Körbe müssen mehrere Kilometer zur Sammelstelle getragen werden, wo die Arbeiter umgerechnet etwa 5 Euro Lohn pro Korb erhalten.

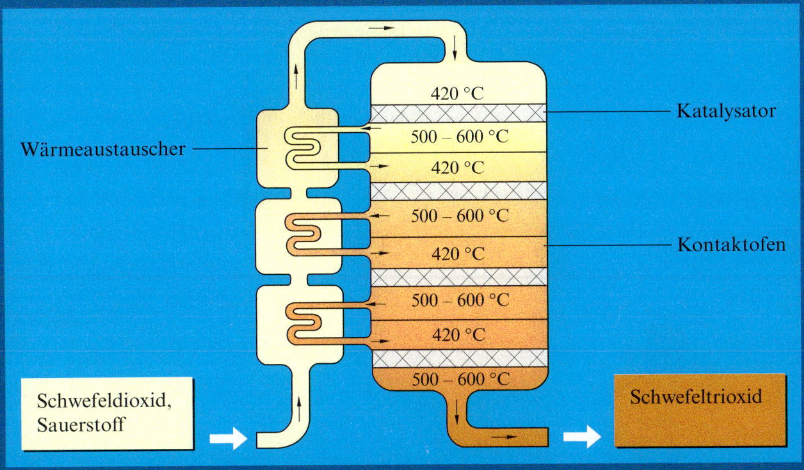

1 Schema eines Kontaktofens mit Wärmeaustauscher

Das technisch bedeutendste Verfahren zur Herstellung von Schwefeltrioxid ist das **Kontaktverfahren**. Ein Gemisch aus Luft und Schwefeldioxid wird in einen so genannten Kontaktofen geleitet. Die Ausgangsstoffe werden über einen festen Katalysator, auch Kontakt genannt, geleitet der aus Vanadiumdioxid (V_2O_5) besteht. Dabei wird Schwefeldioxid zu Schwefeltrioxid oxidiert. Da die Reaktion stark exotherm verläuft, muss das Gas nach jedem Durchlaufen einer Katalysatorschicht in Wärmeaustauschern auf 420 °C gekühlt werden. Da nicht alles Schwefeldioxid zu Schwefeltrioxid umgesetzt wird, kann es in einem weiteren Kontaktofen zur Reaktion gebracht werden.

Entstehen von Schwefelsäure. Im letzten Verfahrensschritt wird Schwefeltrioxid in so genannten Absorptionstürmen zu Schwefelsäure umgesetzt. Schwefeltrioxid wird in konzentrierte Schwefelsäure eingeleitet. Es reagiert mit Schwefelsäure vollständig zu Dischwefelsäure ($H_SS_2O_7$). Bei Zugabe von Wasser reagiert Dischwefelsäure zu Schwefelsäure (H_2SO_4).

$$SO_3 + H_2SO_4 \longrightarrow H_2S_2O_7$$
$$H_2S_2O_7 + H_2O \longrightarrow 2\,H_2SO_4$$

2 Kontaktofen

Übrigens

Schwefeltrioxid ist unterhalb 17 °C ein weißer, fester Stoff, der in asbestartigen Nadeln kristallisiert. An der Luft bildet er dichte weiße Nebel. Aufgrund seiner stark hygroskopischen Wirkung gehört flüssiges Schwefeltrioxid zu den gefährlichsten Arbeitsstoffen.
Jeder Transport von Schwefeltrioxid benötigt in Deutschland eine Sondergenehmigung.

AUFTRÄGE

1. Entwickle die Reaktionsgleichung für das Verbrennen von Schwefel.
2. Interpretiere die Reaktionsgleichung zur Entstehung von Schwefeltrioxid.
3. Erläutere das Schema des Kontaktofens.
4. Welche Aufgabe hat der Katalysator beim Kontaktverfahren?
5. Recherchiere, wo in Deutschland wie viel Schwefelsäure produziert wird. Fertige dazu eine Übersicht an.

1 Die gesunkene Ena 2 wird mit Wasser gekühlt.

Schwefelsäure – ein Gefahrstoff. Im Juli 2004 ist der Schwefelsäuretanker Ena 2 im Hamburger Hafen gesunken. Über 500 t konzentrierte Schwefelsäure sind bei dem Unglück ausgelaufen und ins Hafenbecken gelangt. Aufgrund der höheren Dichte als Wasser ist die Schwefelsäure auf den Grund gesunken und hat dort alles Leben vernichtet. Die Bergung des Unglückstankers war schwierig, da durch eine chemische Reaktion Wasserstoff entstanden ist.

Eigenschaften von konzentrierter Schwefelsäure. Konzentrierte Schwefelsäure ist eine stark ätzende, ölige Säure. Sie ist in jedem Verhältnis mit Wasser mischbar. Dabei kommt es zu einer großen Wärmeentwicklung, bei der Säure verspritzt werden kann. Deshalb muss konzentrierte Schwefelsäure vorsichtig und langsam verdünnt werden (erst das Wasser, dann die Säure). Außerdem wirkt sie hygroskopisch und entzieht vielen organischen Stoffen Wasser.

Schwefelsäure im Handel

Bezeichnung der Schwefelsäure	$w(H_2SO_4)$ in %
Technisch 75%	74–76
Technisch 96%	95,5–96,5
Chemisch rein 96%	95,5–96,5
Monohydrat	99–101

2 Reaktion konzentrierter Schwefelsäure auf Baumwolle

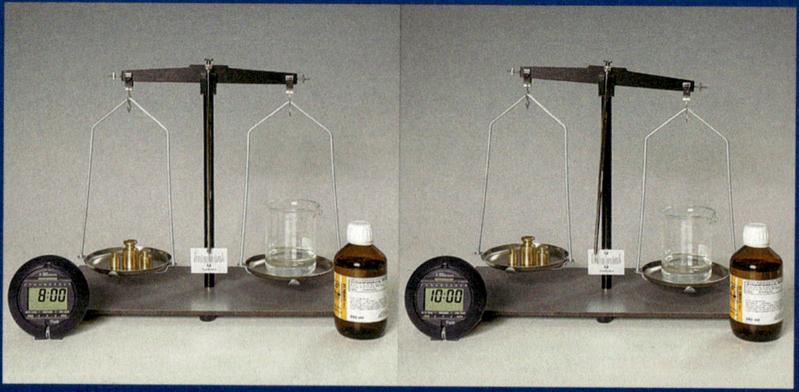

3 Verhalten konzentrierter Schwefelsäure an der Luft

EXPERIMENT 2 [S]

Untersuche die Wirkung von verdünnter Schwefelsäure auf Metalle.

Vorsicht! Schutzbrille! Gib etwa gleich große Stücke Magnesiumblech, Eisenblech, Zinkblech und Kupferblech in jeweils ein Reagenzglas. Füge in jedes Reagenzglas etwa 5 ml 10%ige Schwefelsäure (Xi) hinzu.
Vergleiche deine Beobachtungen.
Entsorgung: Lösungen in Sammelbehälter für Abwasser, Feststoffe wieder verwenden.

EXPERIMENT 3 [S]

Verdünne 20%ige Schwefelsäure.

Vorsicht! Schutzbrille! Gib in ein 500 ml großes Becherglas 100 ml Wasser und miss die Ausgangstemperatur. Aus einer Bürette wird langsam und unter ständigem Rühren 20%ige Schwefelsäure (C) zugetropft. Bestimme mit einem Thermometer alle 15 s die Temperatur der Lösung.
Fertige eine Tabelle an und erstelle daraus eine grafische Darstellung zur Temperaturänderung beim Verdünnen.
Entsorgung: Die Lösungen werden weiter verwendet.

EXPERIMENT 4 [S]

Untersuche die Wirkung von verschieden konzentrierter Schwefelsäure auf Zinkblech.

Vorsicht! Schutzbrille! Gib in drei Reagenzgläser je ein etwa gleich großes Stück Zinkblech. Füge in das erste Reagenzglas 10 ml 20%ige Schwefelsäure (C) hinzu, beobachte die Heftigkeit der Reaktion und miss die Zeit, die für den Ablauf der Reaktion benötigt wird. Wiederhole das Experiment mit Reagenzglas zwei und drei. Füge in das zweite Reagenzglas 10 ml 10%ige Schwefelsäure (Xi) und in das dritte 10 ml 5%ige Schwefelsäure (Xi).
Vergleiche deine Beobachtungen.
Entsorgung: Lösungen in Sammelbehälter für Abwasser.

Lagerung, Transport und Umgang mit Schwefelsäure. Konzentrierte Schwefelsäure (C) gehört zu den Gefahrstoffen. Beim Arbeiten ist deshalb größte Vorsicht geboten, Entsorgungshinweise müssen genau beachtet werden. Die Lagerung von konzentrierter Schwefelsäure muss getrennt von brennbaren Stoffen und starken Oxidationsmitteln erfolgen, weil es sonst beim Auslaufen von Schwefelsäure zu heftigen Reaktionen kommen kann. Außerdem dürfen keine Nahrungs- und Futtermittel in der Nähe gelagert werden. Beim Transport muss eine bruchsichere Verpackung gewährleistet sein.

Übrigens

Bei einer Hautverätzung mit konzentrierter Schwefelsäure wird diese zunächst möglichst gut abgewischt. Erst danach dürfen die Reste mit Wasser abgespült und die Haut wie bei einer Verbrennung behandelt werden. Bei größeren Verätzungen sollte ein Arzt „Calcium“ spritzen, da die konzentrierte Schwefelsäure den Knochen angreift und zerstört.

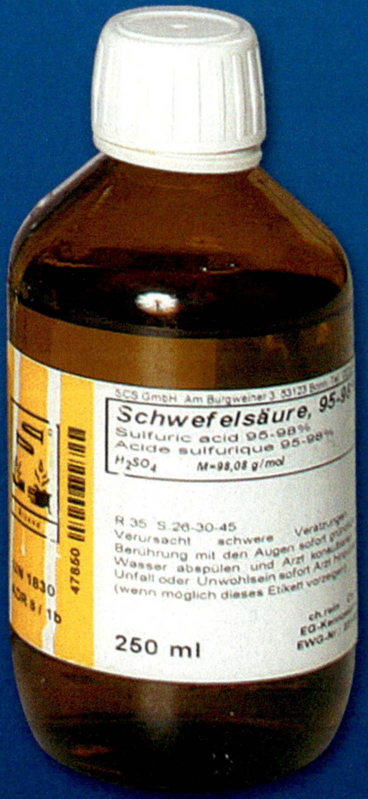

AUFTRÄGE

1. Erkläre, warum bei dem Tankerunglück im Hamburger Hafen Explosionsgefahr bestanden hat.
2. Beschreibe die in den Abbildungen 2 und 3 (↗S. 108) dargestellten Reaktionen von konzentrierter Schwefelsäure. Welche Eigenschaft von konzentrierter Schwefelsäure wird in beiden Abbildungen deutlich?
3. Interpretiere die Reaktion von Schwefelsäure mit verschiedenen Metallen aus Experiment 2.
4. Trage alle genannten Eigenschaften von konzentrierter Schwefelsäure in einer Tabelle zusammen und leite zu jeder Eigenschaft eine wichtige Regel zum sachgerechten Umgang ab.

ZUSAMMENFASSUNG

Saurer Regen

Saurer Regen ist ein Gemisch verschiedener saurer Lösungen, das sich mit dem Regenwasser vor allem aus Schwefeldioxid und Kohlenstoffdioxid bildet.

Saure Lösungen

Saure Lösungen entstehen bei der Reaktion einiger Nichtmetalloxide in Wasser. Aus Schwefeldioxid und Wasser entsteht z. B. eine Lösung von schwefliger Säure. Saure Lösungen zeigen mit Indikatoren eine typische Farbänderung und leiten den elektrischen Strom. Für das saure Verhalten sind die in allen sauren Lösungen vorhandenen Wasserstoff-Ionen verantwortlich.

Indikatoren

Indikatoren sind Farbstoffe, die z. B. in sauren Lösungen eine typische Farbänderung zeigen.

Indikator	Farbe im Wasser	Farbe in sauren Lösungen
Lackmus	violett	rot
Rotkohlfarbstoff	violett	rot
Universalindikator	gelbgrün	gelb – orange – rot

Säuren

Säuren sind Stoffe, die in Wasser in positiv elektrisch geladene **Wasserstoff-Ionen** und negativ elektrisch geladene **Säurerest-Ionen** dissoziieren.

Dissoziationsgleichung

$$\text{Säuremoleküle} \longrightarrow \text{Wasserstoff-Ionen} + \text{Säurerest-Ion}$$
$$H_2SO_4 \longrightarrow 2\,H^+ + SO_4^{2-}$$

Reaktion von Metallen mit Säuren

Unedle Metalle reagieren mit verdünnten Säurelösungen zu Wasserstoff und einer Salzlösung. Es findet eine Redoxreaktion statt.

$$\begin{array}{lll} \text{Oxidation:} & Zn & \longrightarrow Zn^{2+} + 2\,e^- \\ \text{Reduktion:} & 2\,H^+ + 2\,e^- & \longrightarrow H_2 \\ \hline \text{Redoxreaktion:} & Zn + 2\,H^+ & \longrightarrow Zn^{2+} + H_2 \end{array}$$

Polare Atombindung

Atombindung, bei der das gemeinsame Elektronenpaar von den miteinander verbundenen Atomen unterschiedlich stark angezogen wird. Dies führt zu einer positiven oder negativen elektrischen Teilladung an den Atomen. Moleküle mit polaren Atombindungen sind häufig Dipolmoleküle.

Elektronegativitätswert

Der Elektronegativitätswert eines Atoms gibt an, wie stark dieses ein bindendes Elektronenpaar anzuziehen vermag. Die Stärke der Polarität einer Atombindung lässt sich aufgrund der Elektronegativitätswerte der an der Bindung beteiligten Atome ermitteln.

Dipolmoleküle

Moleküle, die einen positiven und einen negativen Ladungsschwerpunkt besitzen. Beispiel: Chlorwasserstoff

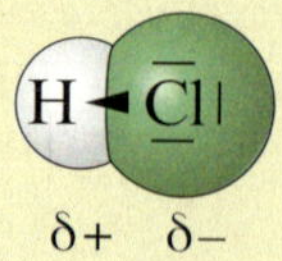

Anhang

Liste von Gefahrstoffen

Gefahrstoff	Kenn-buchstabe	R-Sätze	S-Sätze	E-Sätze
Aceton (Propanon)	F, Xi	11-36-66-67	(2)-9-16-26	1-10-14
Aluminium, Grieß	F	10-15	(2)-7/8-43	6-9
Aluminium, Pulver	F	15-17	(2)-7/8-43	6-9
Aluminiumbromid, wasserfrei	C	22-34	7/8-26-36/37/39-45	2
Aluminiumchlorid, wasserfrei	C	34	(1/2)-7/8-28-45	2
Aluminiumiodid	C	34	26-36/37/39-45	2
Ammoniak, wasserfrei	T, N	10-23-34-50	(1/2)-9-16-26-36/37/39-45-61	2-7
Ammoniaklösung				
10 % ≤ *w* < 25 %	C	34	(1/2)-26-36/37/39-45-61	2
5 % ≤ *w* < 10 %	Xi	36/37/38	(1/2)-26-36/37/39-45-61	2
Ammoniumchlorid	Xn	22-36	(2)-22	1
Bariumchlorid	T	20-25	(1/2)-45	1-3
Bariumchloridlösung				
3 % ≤ *w* < 25 %	Xn	22	(1/2)-45	1
Bariumhydroxid	C	20/22-34	26-36/37/39-45	1-3
Bariumhydroxid-8-Wasser	C	20/22-34	26-36/37/39-45	1-3
Bariumoxid	Xn	20/22-36/38	26	1-3
Blei (bioverfügbar)	T	61-20/22-33	53-45	8
Blei(II)-acetat-3-Wasser	T, N	61-33-40-48/22-50/53-62	53-45-60-61	8-14
Brennspiritus (Ethanol)	F	11	(2)-7-16	1-10
Brom	T+, C, N	26-35-50	(1/2)-7/9-26-45-61	16
Bromethan (Ethylbromid)	F, Xn	11-20/22-40	(2)-36/37	10
Bromwasser 1 % ≤ *w* < 5 %	T, Xi	23-24	7/9-26	16
Bromwasserstoff	C	35-37	(1/2)-7/9-26-45	2
Caesium	F, C	14/15-34	(1/2)-5-8-45	6-12-16
Calcium	F	15	(2)-8-24/25-43	15
Calciumcarbid	F	15	(2)-8-43	15-16
Calciumchlorid	Xi	36	(2)-22-24	1
Calciumhydroxid	Xi	41	22-24-26-39	2
Calciumoxid	Xi	41	22-24-26-39	2
Chlor	T, N	23-36/37/38-50	(1/2)-9-45-61	16
Chlorwasser, gesättigt *w* = 0,7 %	Xn	20	9-45	16
Chlorwasserstoff	T, C	23-35	(1/2)-9-26-36/37/39-45	2
Eisen(III)-chlorid	Xn	22-38-41	26-39	2
Eisen(II)-sulfatlösung *w* ≥ 25 %	Xn	22-38-41	26-39	2
Essigessenz	C	34	(1/2)-23-26-45	2-10
Essigsäure (Ethansäure)				
w ≥ 90 % (Eisessig)	C	10-35	(1/2)-23-26-45	2-10
25 % ≤ *w* < 90 %	C	34	(1/2)-23-26-45	2-10
10 % ≤ *w* < 25 %	Xi	36/38	23-26	2-10
Essigsäureethylester (Ethylacetat)	F, Xi	11-36-66-67	(2)-16-26-33	10-12
Ethan	F+	12	2-9-16-33	7
Ethanal (Acetaldehyd)	F+, Xn	12-36/37-40	(2)-16-33-36/37	9-10-12-16
Ethanallösung *w* ≥ 10 %	Xn	36/37-40	(2)-16-33-36/37	9-10-12-16

Gefahrstoff	Kenn-buchstabe	R-Sätze	S-Sätze	E-Sätze
Ethanol (Brennspiritus)	F	11	(2)-7-16	1-10
Formaldehydlösung s. Methanallösung				
Iod	Xn, N	20/21-50	(2)-23-25-61	1-16
Iodwasserstoff	C	35	(1/2)-9-26-36/37/39-45	1
Kalium	F, C	14/15-34	(1/2)-5-8-45	6-12-16
Kaliumdichromatlösung				
0,5 % ≤ w < 7 %	T	49-46-43	53-45-60-61	6-12-16
Kaliumhydroxid (Ätzkali)	C	22-35	(1/2)-26-36/37/39-45	2
Kaliumhydroxidlösung (Kalilauge)				
w ≥ 25 %	C	22-35	(1/2)-26-36/37/39-45	2
5 % ≤ w < 25 %	C	35	(1/2)-26-36/37/39-45	2
2 % ≤ w < 5 %	C	34	(1/2)-26-36/37/39-45	2
0,5 % ≤ w < 2 %	Xi	36/38	26	1
Kaliumnitrat	O	8	16-41	1
Kaliumpermanganat	O, Xn, N	8-22-50/53	(2)-60-61	1-6
Kaliumpermanganatlösung				
w ≥ 25 %	Xn	22	(2)-60	1-6
Kohlenstoffmonooxid	F+, T	61-12-23-48/23	53-45	7
Kupferacetat	Xn	22		11
Kupfer(II)-chlorid	T	25-36/37/38	37-45	11
Kupfer(II)-chloridlösung				
3 % ≤ w < 25 %	Xn	22	37-45	11
Kupfer(I)-oxid	Xn	22	(2)-22	8-16
Kupfer(II)-sulfat	Xn, N	22-36/38-50/53	(2)-22-60-61	11
Kupfer(II)-sulfatlösung w ≥ 25 %	Xn	22-36/38	(2)-22-60	11
Lithium	F, C	14/15-34	(1/2)-8-43-45	15-1
Lithiumchlorid	Xn	22-36/38	26-36	1
Magnesium, Pulver (phlegmatisiert)	F	11-15	(2)-7/8-43	3
Magnesium, Späne	F	11-15	(2)-7/8-43	3
Mangan(IV)-oxid (Braunstein)	Xn	20/22	(2)-25	3
Methanallösung (Formaldehydlösung)				
w ≥ 25 %	T	23/34/25-34-40-43	(1/2)-26-36/37/39-45-51	10-12-16
5 % ≤ w < 25 %	Xn	20/21/22-36/3738-40-43	(1/2)-26-36/37/39-51	1-10
1 % ≤ w < 5 %	Xn	40-43	23-37	1
0,2 % ≤ w < 1 %	Xi	43	23-37	1
Natrium	F, C	14/15-34	(1/2)-5-8-43-45	6-12-16
Natriumcarbonat	Xi	36	(2)-22-26	1
Natriumhydroxid (Ätznatron)	C	35	(1/2)-26-37/39-45	2
Natriumhydroxidlösung (Natronlauge)				
w ≥ 5 %	C	35	(1/2)-26-37/39-45	2
2 % ≤ w < 5 %	C	34	(1/2)-26-37/39-45	2
0,5 % ≤ w < 2 %	Xi	36/38	26	1
Natriumnitrat	O	8	16-41	1

Gefahrstoff	Kenn-buchstabe	R-Sätze	S-Sätze	E-Sätze
Nickel(II)-sulfat-6-Wasser	Xn, N	22-40-42/43-50/53	(2)-22-36/37-60-61	11-12
Nicotin	T+, N	25-27-51/53	(1/2)-36/37-45-61	10-16
Oxalsäure	Xn	21/22	(2)-24/25	5
Oxalsäurelösung $w \geq 5\,\%$	Xn	21/22	(2)-24/25	5
Ozon	O, T	34-36/37/38		7
Petroleumbenzin	F	11	9-16-29-33	10-12
Phosphor, rot	F, N	11-16-50	(2)-7-43-61	6-9
Phosphorsäure $w \geq 25\,\%$	C	34	(1/2)-26-45	2
$10\,\% \leq w < 25\,\%$	Xi	36/38	25	1
1-Propanol	F, Xi	11-41-67	(2)-7-16-24-26-39	10
2-Propanol	F, Xi	11-36-37	(2)-7-16-24/25-26	10
Propanon s. Aceton				
Quecksilber	T, N	23-33-50/53	(1/2)-7-45-60-61	6-12-14-16
Salpetersäure $w \geq 70\,\%$	O, C	8-35	(1/2)-23-26-36-45	2
$20\,\% \leq w < 70\,\%$	C	35	(1/2)-23-26-27	2
$5\,\% \leq w < 20\,\%$	C	34	(1/2)-23-26-27	2
Salzsäure $w \geq 25\,\%$	C	34-37	(1/2)-26-45	2
$10\,\% \leq w < 25\,\%$	Xi	36/37/38	(2)-28	2
Sauerstoff	O	8	(2)-17	
Schiffs Reagenz	Xi	36/37	24-26	2
Schwefeldioxid	T	23-34	(1/2)-9-26-36/37/39-45	7
Schwefelsäure $w \geq 15\,\%$	C	35	(1/2)-26-30-45	2
$5\,\% \leq w < 15\,\%$	Xi	36/38	(2)-26	2
Schwefelwasserstoff	F+, T+, N	12-26-50	(1/2)-9-16-28-36/37-45-61	2-7
Schwefelwasserstofflösung $0{,}1\,\% \leq w \leq 1\,\%$	Xn	20	(1/2)-9-28-45-61	2
schweflige Säure $5\,\% \leq w \leq 10\,\%$	Xi	36/37/38	24-26	2
Silbernitrat	C, N	34-50/53	(1/2)-26-45-60-61	12-13-14
Silbernitratlösung $5\,\% \leq w < 10\,\%$	Xi	36/38	(1/2)-26-45-60	12-13-14
Silberoxid	O, Xi	8-41-44	26-39	12-13-14
Stickstoffdioxid	T+	26-34	(1/2)-9-26-28-36/37/39-45	7
Stickstoffmonooxid	T+	26/27	45	7
Wasserstoff	F+	12	(2)-9-16-33	7
Wasserstoffperoxidlösung $w \geq 60\,\%$	O, C	8-34	(1/2)-3-28-36/39-45	1-16
$20\,\% \leq w < 60\,\%$	C	34	(1/2)-28-36/39-45	1
$5\,\% \leq w < 20\,\%$	Xi	36/38	(1/2)-28-36/39-45	1
Zinkbromid	C, N	34-50/53	26-60-61	1-11
Zinkchlorid	C, N	34-50/53	(1/2)-7/8-28-45-60-61	1-11
Zink, Pulver (stabilisiert)		10-15	(2)-7/8-43	3
Zink, Staub	F	15-17	(2)-7/8-43	3
Zinksulfat	Xi, N	36/38-50/53	(2)-22-25-60-61	1-11
Zinn(II)-chlorid	Xn	22-36/37/38	26	1-11

Gefahrensymbole, Kennbuchstaben und Gefahrenbezeichnungen (Auswahl)

Die Gefahrenbezeichnungen werden durch die R-Sätze für die einzelnen Stoffe präzisiert (↗ unten).

T

Giftige Stoffe (sehr giftige Stoffe T+) verursachen durch Einatmen, Verschlucken oder Aufnahme durch die Haut meist erhebliche Gesundheitsschäden oder gar den Tod.
Was tun? Nicht direkt berühren! Unwohlsein sofort dem Lehrer oder der Lehrerin melden!

Xn

Gesundheitsschädliche Stoffe können durch Einatmen, Verschlucken oder Aufnahme durch die Haut gesundheitsschädigend wirken.
Was tun? Nicht direkt berühren! Unwohlsein sofort dem Lehrer oder der Lehrerin melden!

C

Ätzende Stoffe zerstören das Hautgewebe oder die Oberfläche von Gegenständen.
Was tun? Berührung mit der Haut, Augen und Kleidung vermeiden! Dämpfe nicht einatmen!

Xi

Reizende Stoffe haben Reizwirkung auf Haut, Augen und Atmungsorgane.
Was tun? Berührung mit Haut, Augen und Atmungsorganen vermeiden! Nicht einatmen!

F

Leicht entzündliche Stoffe (hoch entzündliche Stoffe F+) entzünden sich von selbst an heißen Gegenständen.
Zu ihnen gehören selbstentzündliche Stoffe, leicht entzündliche gasförmige Stoffe, brennbare Flüssigkeiten und Stoffe, die mit Feuchtigkeit brennbare Gase bilden.
Was tun? Vorsicht beim Umgang mit offenen Flammen und Warmequellen! Keine Berührung mit brandfördernden Stoffen!

O

Brandfördernde Stoffe können brennbare Stoffe entzünden oder ausgebrochene Brände fördern.
Was tun? Kontakt mit brennbaren Stoffen vermeiden!

E

Explosionsgefährliche Stoffe können unter bestimmten Bedingungen explodieren.
Was tun? Schlag, Stoß, Reibung, Funkenbildung und Hitzeeinwirkung vermeiden!

N

Umweltgefährliche Stoffe sind sehr giftig, giftig oder schädlich für Wasserorganismen und können in Gewässern längerfristig schädliche Wirkungen haben. In der nicht aquatischen Umwelt sind sie giftig für Pflanzen, Tiere, Bodenorganismen und Bienen, können auf die Umwelt längerfristig schädliche Wirkungen haben und für die Ozonschicht gefährlich sein.
Was tun? Freisetzung der Stoffe in die Umwelt vermeiden, Stoffe der Problemabfallentsorgung zuführen!

Gefahrenhinweise (R-Sätze)

R 1	In trockenem Zustand explosionsgefährlich
R 2	Durch Schlag, Reibung, Feuer oder andere Zündquellen explosionsgefährlich
R 3	Durch Schlag, Reibung, Feuer oder andere Zündquellen besonders explosionsgefährlich
R 4	Bildet hoch empfindliche explosionsgefährliche Metallverbindungen
R 5	Beim Erwärmen explosionsfähig
R 6	Mit und ohne Luft explosionsfähig
R 7	Kann Brand verursachen
R 8	Feuergefahr bei Berührung mit brennbaren Stoffen
R 9	Explosionsgefahr bei Mischung mit brennbaren Stoffen
R 10	Entzündlich
R 11	Leicht entzündlich
R 12	Hoch entzündlich
R 14	Reagiert heftig mit Wasser
R 15	Reagiert mit Wasser unter Bildung hoch entzündlicher Gase
R 16	Explosionsgefährlich in Mischung mit brandfördernden Stoffen
R 17	Selbstentzündlich an der Luft
R 18	Bei Gebrauch Bildung explosionsfähiger/leicht entzündlicher Dampf-Luft-Gemische möglich
R 19	Kann explosionsfähige Peroxide bilden
R 20	Gesundheitsschädlich beim Einatmen
R 21	Gesundheitsschädlich bei Berührung mit der Haut
R 22	Gesundheitsschädlich beim Verschlucken
R 23	Giftig beim Einatmen
R 24	Giftig bei Berührung mit der Haut
R 25	Giftig beim Verschlucken
R 26	Sehr giftig beim Einatmen
R 27	Sehr giftig bei Berührung mit der Haut
R 28	Sehr giftig beim Verschlucken
R 29	Entwickelt bei Berührung mit Wasser giftige Gase
R 30	Kann bei Gebrauch leicht entzündlich werden
R 31	Entwickelt bei Berührung mit Säure giftige Gase
R 32	Entwickelt bei Berührung mit Säure sehr giftige Gase
R 33	Gefahr kumulativer Wirkungen
R 34	Verursacht Verätzungen
R 35	Verursacht schwere Verätzungen
R 36	Reizt die Augen
R 37	Reizt die Atmungsorgane
R 38	Reizt die Haut
R 39	Ernste Gefahr irreversiblen Schadens
R 40	Verdacht auf krebserzeugende Wirkung
R 41	Gefahr ernster Augenschäden
R 42	Sensibilisierung durch Einatmen möglich
R 43	Sensibilisierung durch Hautkontakt möglich
R 44	Explosionsgefahr bei Erhitzen unter Einschluss
R 45	Kann Krebs erzeugen
R 46	Kann vererbbare Schäden verursachen
R 48	Gefahr ernster Gesundheitsschäden bei längerer Exposition
R 49	Kann Krebs erzeugen beim Einatmen
R 50	Sehr giftig für Wasserorganismen
R 51	Giftig für Wasserorganismen
R 52	Schädlich für Wasserorganismen
R 53	Kann in Gewässern längerfristig schädliche Wirkungen haben
R 54	Giftig für Pflanzen
R 55	Giftig für Tiere
R 56	Giftig für Bodenorganismen
R 57	Giftig für Bienen
R 58	Kann längerfristig schädliche Wirkungen auf die Umwelt haben
R 59	Gefährlich für die Ozonschicht
R 60	Kann die Fortpflanzungsfähigkeit beeinträchtigen
R 61	Kann das Kind im Mutterleib schädigen
R 62	Kann möglicherweise die Fortpflanzungsfähigkeit beeinträchtigen
R 63	Kann das Kind im Mutterleib möglicherweise schädigen
R 64	Kann Säuglinge über die Muttermilch schädigen
R 65	Gesundheitsschädlich: kann beim Verschlucken Lungenschäden verursachen
R 66	Wiederholter Kontakt kann zu spröder und rissiger Haut führen
R 67	Dämpfe können Schläfrigkeit und Benommenheit verursachen
R 68	Irreversibler Schaden möglich

Kombination der R-Sätze (Auswahl)

R 14/15	Reagiert heftig mit Wasser unter Bildung hoch entzündlicher Gase
R 20/22	Gesundheitsschädlich beim Einatmen und Verschlucken
R 20/21/22	Gesundheitsschädlich beim Einatmen, Verschlucken und bei Berührung mit der Haut
R 21/22	Gesundheitsschädlich bei Berührung mit der Haut und beim Verschlucken
R 23/25	Giftig beim Einatmen und beim Verschlucken
R 23/24/25	Giftig beim Einatmen, Verschlucken und bei Berührung mit der Haut
R 24/25	Giftig bei Berührung mit der Haut und beim Verschlucken
R 36/37	Reizt die Augen und die Atmungsorgane
R 36/38	Reizt die Augen und die Haut
R 36/37/38	Reizt die Augen, Atmungsorgane und die Haut
R 50/53	Sehr giftig für Wasserorganismen, kann in Gewässern längerfristig schädliche Wirkungen haben
R 51/53	Giftig für Wasserorganismen, kann in Gewässern längerfristig schädliche Wirkungen haben
R 52/53	Schädlich für Wasserorganismen, kann in Gewässern längerfristig schädliche Wirkungen haben

Sicherheitsratschläge (S-Sätze)

S 1 Unter Verschluss aufbewahren
S 2 Darf nicht in die Hände von Kindern gelangen
S 3 Kühl aufbewahren
S 4 Von Wohnplätzen fern halten
S 5 Unter ... aufbewahren (geeignete Flüssigkeit vom Hersteller anzugeben)
S 6 Unter ... aufbewahren (inertes Gas vom Hersteller anzugeben)
S 7 Behälter dicht geschlossen halten
S 8 Behälter trocken halten
S 9 Behälter an einem gut gelüfteten Ort aufbewahren
S 12 Behälter nicht gasdicht verschließen
S 13 Von Nahrungsmitteln, Getränken und Futtermitteln fern halten
S 14 Von ... fern halten (inkompatible Substanzen sind vom Hersteller anzugeben)
S 15 Vor Hitze schützen
S 16 Von Zündquellen fern halten – Nicht rauchen
S 17 Von brennbaren Stoffen fern halten
S 18 Behälter mit Vorsicht öffnen und handhaben
S 20 Bei der Arbeit nicht essen und trinken
S 21 Bei der Arbeit nicht rauchen
S 22 Staub nicht einatmen
S 23 Gas/Rauch/Dampf/Aerosol nicht einatmen (geeignete Bezeichnung(en) vom Hersteller anzugeben)
S 24 Berührung mit der Haut vermeiden
S 25 Berührung mit den Augen vermeiden
S 26 Bei Berührung mit den Augen sofort gründlich mit Wasser abspülen und Arzt konsultieren
S 27 Beschmutzte, getränkte Kleidung sofort ausziehen
S 28 Bei Berührung mit der Haut sofort abwaschen mit viel ... (vom Hersteller anzugeben)
S 29 Nicht in die Kanalisation gelangen lassen
S 30 Niemals Wasser hinzugießen
S 33 Maßnahmen gegen elektrostatische Aufladungen treffen
S 35 Abfälle und Behälter müssen in gesicherter Weise beseitigt werden
S 36 Bei der Arbeit geeignete Schutzkleidung tragen
S 37 Geeignete Schutzhandschuhe tragen
S 38 Bei unzureichender Belüftung Atemschutzgerät anlegen
S 39 Schutzbrille/Gesichtsschutz tragen
S 40 Fußboden und verunreinigte Gegenstände mit ... reinigen (Material vom Hersteller anzugeben)
S 41 Explosions- und Brandgase nicht einatmen
S 42 Bei Räuchern/Versprühen geeignetes Atemschutzgerät anlegen (geeignete Bezeichnung(en) vom Hersteller anzugeben)
S 43 Zum Löschen ... (vom Hersteller anzugeben) verwenden (wenn Wasser die Gefahr erhöht, anfügen: „Kein Wasser verwenden")
S 45 Bei Unfall oder Unwohlsein sofort Arzt hinzuziehen (wenn möglich, dieses Etikett vorzeigen)
S 46 Bei Verschlucken sofort ärztlichen Rat einholen und Verpackung oder Etikett vorzeigen
S 47 Nicht bei Temperaturen über ... °C aufbewahren (vom Hersteller anzugeben)
S 48 Feucht halten mit ... (geeignetes Mittel vom Hersteller anzugeben)
S 49 Nur im Originalbehälter aufbewahren
S 50 Nicht mischen mit ... (vom Hersteller anzugeben)
S 51 Nur in gut gelüfteten Bereichen verwenden
S 52 Nicht großflächig für Wohn- und Aufenthaltsräume verwenden
S 53 Exposition vermeiden – vor Gebrauch besondere Anweisungen einholen
S 56 Dieses Produkt und seinen Behälter der Problemabfallentsorgung zuführen
S 57 Zur Vermeidung einer Kontamination der Umwelt geeigneten Behälter verwenden
S 59 Information zur Wiederverwendung/Wiederverwertung beim Hersteller/Lieferanten erfragen
S 60 Dieses Produkt und sein Behälter sind als gefährlicher Abfall zu entsorgen
S 61 Freisetzung in die Umwelt vermeiden. Besondere Anweisungen einholen/Sicherheitsdatenblatt zurate ziehen
S 62 Bei Verschlucken kein Erbrechen herbeiführen. Sofort ärztlichen Rat einholen und Verpackung oder dieses Etikett vorzeigen
S 63 Bei Unfall durch Einatmen: Verunfallten an die frische Luft bringen und ruhig stellen
S 64 Bei Verschlucken Mund mit Wasser ausspülen (nur wenn Verunfallter bei Bewusstsein ist)

Kombination der S-Sätze (Auswahl)

S 1/2 Unter Verschluss und für Kinder unzugänglich aufbewahren
S 3/7 Behälter dicht geschlossen halten und an einem kühlen Ort aufbewahren
S 3/9 Behälter an einem kühlen, gut gelüfteten Ort aufbewahren
S 3/9/14 An einem kühlen, gut gelüfteten Ort, entfernt von ... aufbewahren (die Stoffe, mit denen Kontakt vermieden werden muss, sind vom Hersteller anzugeben)
S 3/9/14/49 Nur im Originalbehälter an einem kühlen, gut gelüfteten Ort, entfernt von ... aufbewahren (die Stoffe, mit denen Kontakt vermieden werden muss, sind vom Hersteller anzugeben)
S 3/9/49 Nur im Originalbehälter an einem kühlen, gut gelüfteten Ort aufbewahren
S 3/14 An einem kühlen, von ... entfernten Ort aufbewahren (die Stoffe, mit denen Kontakt vermieden werden muss, sind vom Hersteller anzugeben)
S 7/8 Behälter trocken und dicht geschlossen halten
S 7/9 Behälter dicht geschlossen an einem gut gelüfteten Ort aufbewahren
S 7/47 Behälter dicht geschlossen und nicht bei Temperatur über ... °C aufbewahren (vom Hersteller anzugeben)
S 20/21 Bei der Arbeit nicht essen, trinken oder rauchen
S 24/25 Berührung mit den Augen und der Haut vermeiden
S 29/56 Nicht in die Kanalisation gelangen lassen; dieses Produkt und seinen Behälter der Problemabfallentsorgung zuführen.
S 36/37 Bei der Arbeit geeignete Schutzhandschuhe und Schutzkleidung tragen
S 36/37/39 Bei der Arbeit geeignete Schutzhandschuhe, Schutzkleidung und Schutzbrille/Gesichtsschutz tragen
S 36/39 Bei der Arbeit geeignete Schutzkleidung und Schutzbrille/Gesichtsschutz tragen
S 37/39 Bei der Arbeit geeignete Schutzhandschuhe und Schutzbrille/Gesichtsschutz tragen

Hinweise zur Arbeit mit Gefahrstoffen

Beim Arbeiten mit Chemikalien sind die geltenden Rechtsvorschriften (Chemikaliengesetz, Gefahrstoffverordnung, Technische Regeln für den Umgang mit Gefahrstoffen, Arbeits- und Unfallschutzvorschriften) einzuhalten. Dies gilt in gleichem Maß für die Entsorgung der beim Arbeiten anfallenden Gefahrstoffabfälle; das grundlegende Gesetz hierfür ist das Kreislaufwirtschafts- und Abfallgesetz.

Alle in diesem Buch bei Experimenten angeführten Gefahrstoffe werden in einer Liste (↗ Seiten 112 bis 114) mit den jeweils zutreffenden R-, S- und E-Sätzen aufgeführt. Die Übersicht zur Entsorgung von Gefahrstoffabfällen auf der folgenden Seite stellt den prinzipiellen Ablauf der Behandlung und des Sammelns bis zur Entsorgung sowie der Übergabe der Gefahrstoffabfälle zur Sondermüllentsorgung dar. Die Behandlung und das Sammeln der Abfälle setzt solide Kenntnisse der Lehrerinnen und Lehrer voraus. Daher kann die Übersicht nur eine Orientierungshilfe sein.

Stoffe mit E 1
- Natriumchlorid, Natriumcarbonat, Wasserstoffperoxidlösung
- Verdünnen
- **Abwasser**

Stoffe mit E 2
- Mineralsäuren, Essigsäure, Laugen
- Neutralisieren
- **Abwasser**

Stoffe mit E 3
- Eisen (Späne), Calciumcarbonat, Mangan(IV)-oxid, Aktivkohle
- **Hausmüll**

Stoffe mit E 4
- Bleisalze
- Als Sulfid fällen, Niederschlag absetzen lassen.
- Niederschlag
- **Sammelbehälter I** „Anorganische Chemikalienreste“ (T, C) pH > 10 beachten!
- **Sondermüllentsorgung (evtl. Recycling)**

Stoffe mit E 5
- Fluoride, Oxalate
- Mit Calciumchloridlösung fällen und Niederschlag abtrennen.
- Flüssigkeit → **Abwasser**; Feststoff → **Hausmüll**

Stoffe mit E 7
- Stickstoffdioxid, Chlorwasserstoff, Ammoniak
- *Abzug!* Wenn möglich, Stoffe absorbieren oder verbrennen.
- **Abluft**

Stoffe mit E 9
- roter Phosphor, Kohlenstoffdisulfid, Diethylether
- In kleinsten Portionen *vorsichtig (!)* verbrennen; kleinste Kohlenstoffdisulfidmengen im Freien verdunsten lassen.
- **Abluft**

Stoffe mit E 10
- halogenfrei: Lösemittelreste, z. B. Petroleumbenzin, Methanol, Toluol → **Sammelbehälter II** „Organische Reste halogenfrei“ (F, T bzw. F, Xn)
- halogenhaltig: Lösemittelreste, z. B. Brommethan, Trichlormethan → **Sammelbehälter III** „Organische Reste halogenhaltig“ (F, T bzw. F, Xn)
- **Sondermüllentsorgung**

Stoffe mit E 11
- Nickelsalze, Cobaltsalze, Kupfersalze
- Als Hydroxid fällen (pH = 8), Niederschlag absetzen lassen.
- Flüssigkeit → **Abwasser**
- Schlamm → **Sammelbehälter I** „Anorganische Chemikalienreste“ (T, C) pH > 10 beachten! → **Sondermüllentsorgung (evtl. Recycling)**

Stoffe mit E 13
- Silbersalze, Kupfersalze
- Mit unedlem Metall (z. B. Eisen) behandeln, eine Nacht stehen lassen.
- Flüssigkeit → **Abwasser**
- Metall → **Recycling oder Sondermüllentsorgung**

Stoffe mit E 15
- Calcium
- *Abzug!* Vorsichtig mit Wasser umsetzen, Gase verbrennen oder ableiten, Rückstände verdünnen.
- **Abwasser**

Stoffe mit E 16
- Alkalimetalle, z. B. Natrium, Kalium: Mit Ethanol bzw. Butanol (Kalium) *vorsichtig* umsetzen; nach 1 bis 3 Tagen wie Stoffe mit E 2 weiterbehandeln (neutralisieren). → **Abwasser**
- Chlorwasser, Brom, Bromwasser, Iod: Mit Natriumthiosulfatlösung umsetzen. → **Abwasser**
- Chromsalze, Chromate: Mit Natriumhydrogensulfitlösung bei pH = 2 zu Chrom(III)-Salzlösung reduzieren; nach etwa 2 Stunden in den Sammelbehälter geben. → **Sammelbehälter I** „Anorganische Chemikalienreste“ (T, C) → **Sondermüllentsorgung (evtl. Recycling)**
- Quecksilber, quecksilberhaltige Rückstände → **Sammelbehälter** „Quecksilberreste“ (T+) (verschlossen aufbewahren) → **Recycling oder Sondermüllentsorgung**

Entsorgungsratschläge (E-Sätze)

E 1 Verdünnen, in den Ausguss geben (WGK 0 bzw. 1)
E 2 Neutralisieren, in den Ausguss geben
E 3 In den Hausmüll geben, gegebenenfalls im Polyethylenbeutel (Stäube)
E 4 Als Sulfid fällen
E 5 Mit Calcium-Ionen fällen, dann E 1 oder E 3
E 6 Nicht in den Hausmüll geben
E 7 Im Abzug entsorgen
E 8 Der Sondermüllbeseitigung zuführen (Adresse zu erfragen bei der Kreis- oder Stadtverwaltung), Abfallschlüssel beachten
E 9 Unter größter Vorsicht in kleinsten Portionen reagieren lassen (z. B. offen im Freien verbrennen)
E 10 In gekennzeichneten Behältern sammeln:
1. „Organische Abfälle – halogenhaltig“
2. „Organische Abfälle – halogenfrei“

dann E 8
E 11 Als Hydroxid fällen (pH = 8), den Niederschlag zu E 8
E 12 Nicht in die Kanalisation gelangen lassen (S-Satz S 29)
E 13 Aus der Lösung mit unedlem Metall (z. B. Eisen) als Metall abscheiden (E 14, E 3)
E 14 Recycling-geeignet (Redestillation oder einem Recyclingunternehmen zuführen)
E 15 Mit Wasser vorsichtig umsetzen, frei werdende Gase absorbieren oder ins Freie ableiten
E 16 Entsprechend den speziellen Ratschlägen für die Beseitigungsgruppen beseitigen

Register

f. nach der Seitenzahl bedeutet „und folgende Seite“,
ff. „und folgende Seiten“.

Abbildungsverzeichnis

ADN: 63/1; Air liquide GmbH, Düsseldorf: 11/1–2, 19/3; Albrecht, T., Berlin: 106/1, 106/3; Arndt, B., Leipzig: 69/1 re.; Bach-Kolster, H., Duisburg: 39/1; Bad Reichenhaller, Bad Reichenhall: 68 (oben); Bayer AG, Leverkusen: 92/1, 107/2; Benckiser (Deutschland) GmbH/NYC/GGK, Frankfurt/M.: 37/1; Bilder-Box: 5 (unten); BMW AG, München: 7/2; Brandl, H., Kaltenkirchen: 90/1; Braunschweigische Kohlen-Bergwerke AG, Helmstedt: 103/2; Carl Zeiss, Oberkochem: 67/2; Corbis/Thornton: 24/4; Cosmos Feuergerätebau GmbH, Ladeburg: 28/3; Daimler-Chrysler AG, Stuttgart: 49/1–2; Deutsche Bahn AG, Berlin: 18/1; Deutsches Museum, München: 6/2, 44/2, 98/1; Dombauarchiv, Köln: 102/1; Döring, V., Hohen Neuendorf: 7/4, 10/2, 12/2, 13/1–2, 16/1, 17/2, 22/1, 41/1, 54/li., 55/2, 65/1, 72/1–2, 75/1, 76/1–3, 77/1, 78/1–5, 79/1–2, 80/1–2, 81/1, 82/1, 84/2–3, 86/1–2, 89/1, 90/2, 92/2, 93/1 li., 93/3, 95/2, 96 (oben), 100/2, 101/1, 104/1 li., 108/2–3, 109/1; dpa/Lehtikuwa Oy, Frankfurt/M.: 33/3; Fa. Langenberg, Strausberg: 100/1; Feuerwehr, Nempitz: 24/1; Fischer, R., Berlin: 61 re.; Fotoatelier H.-J. Mock, Mühlhausen: 15 (oben), 85/2, 107/3; Fraunhofer Institut ISE, Freiburg: 48/3; Gartung, W./Wings: 79/1; Gaulke, Thomas/FIRE Foto: 28/2; Giebe, Halle: 62/2; Gloria-Werke, Wadersloh: 29 (unten); Heinzel, K., Berlin: 40/1–2; Helga Lade Bildagentur GmbH, Berlin: 6/1, 12/1, 14/1, 15/2, 53/1, 91/1, 103/1; Hooge, H., Gleichen-Benniehausen: 102/2; Hron, D., Berlin: 34/1; IDM-Informationszentrale Deutsches Mineralwasser, Bonn: 34/2; Kalkwerk Hufgard: 104/2; Kefrig, U., Osnabrück: 42/1; Knopfe, M., Freiberg: 3/1, 54/1–2, 61 li., 67/1 li., 69/1, 73/1–5, 73/7–9, 74/1; Kretschmer, K., Berlin: 55/1, 86/3; Linde AG, Höllriegelskreuth: 7/1; Ludwig Preiß Industrie- und Pressebilddienst GmbH, Berlin: 10/1, 91/2, 91/4, 93/1 re., 102/3; Lufthansa AG: 20/1; Matthes, S., Berlin: 26/1; Mauritius: 64/1; Mauritius/age fotostock: Einband; Mauritius/Rosenfeld: 105/2; Messer Griesheim GmbH, Krefeld: 50/4, 84/1; Münch, R.: 93/2, 103/3; NASA/STSI/ESA: 44/1; Norddeutsche Affinerie AG, Hamburg: 108/1; Ostkreuz-Agentur der Fotografen, Hauswald: 17/3; PHYWE SYSTEME GmbH, Göttingen: 41/2; Schleicher, St.: 88/2; Seilnacht, T., Mühlheim: 73/6, 106/2; Siemens AG, München: 15/1, 46/4; Superbild Bildagentur GmbH, Berlin: 15/3, 33/1, 47/2, 88/1, 105/1; Theuerkauf, H., Gotha: 91/3; Ufop, Bonn: 47/1; ullstein bild, Berlin: 36/1, 48/2, 51/1, 62/1; Varta Batterie AG, Hannover: 105/3; Verlag Werbung und Foto Fabry GmbH, Rüdersdorf: 104/1 re.; zefa/digitalvision/Byrne: 25/3; zefa/masterfile/Christopher: 27/2, 31/1; zefa/masterfile/Hendrickson: 26/4; zefa/masterfile/Klemm: 27/1; zefa/masterfile: 5 (unten); zefa/Svenja-Foto: 77/2
Alle nicht aufgeführten Bilder entstammen dem Archiv des Verlages.

Periodensystem der Elemente

Periode	1* I. Hauptgruppe	2 II. Hauptgruppe	3 III. Nebengruppe	4 IV. Nebengruppe	5 V. Nebengruppe	6 VI. Nebengruppe	7 VII. Nebengruppe	8 VIII. Nebengruppe	9 VIII. Nebengrupp
1	1 1,008 2,1 H Wasserstoff								
2	3 6,94 1,0 Li Lithium	4 9,01 1,5 Be Beryllium							
3	11 22,99 0,9 Na Natrium	12 24,31 1,2 Mg Magnesium							
4	19 39,10 0,8 K Kalium	20 40,08 1,0 Ca Calcium	21 44,96 1,3 Sc Scandium	22 47,88 1,5 Ti Titan	23 50,94 1,6 V Vanadium	24 51,996 1,6 Cr Chrom	25 54,94 1,5 Mn Mangan	26 55,85 1,8 Fe Eisen	27 58,9 1,8 C Cobalt
5	37 85,47 0,8 Rb Rubidium	38 87,62 1,0 Sr Strontium	39 88,91 1,3 Y Yttrium	40 91,22 1,4 Zr Zirconium	41 92,91 1,6 Nb Niob	42 95,94 1,8 Mo Molybdän	43 [98] 1,9 Tc Technetium	44 101,07 2,2 Ru Ruthenium	45 102,9 2,2 R Rhodium
6	55 132,91 0,7 Cs Caesium	56 137,33 0,9 Ba Barium	57 138,91 1,1 La Lanthan ●	72 178,49 1,3 Hf Hafnium	73 180,95 1,5 Ta Tantal	74 183,84 1,7 W Wolfram	75 186,21 1,9 Re Rhenium	76 190,23 2,2 Os Osmium	77 192,2 2,2 Iridium
7	87 [223] 0,7 Fr Francium	88 226,03 0,9 Ra Radium	89 227,03 1,1 Ac Actinium ●●	104 [261] Rf Rutherfordium	105 [262] Db Dubnium	106 [266] Sg Seaborgium	107 [264] Bh Bohrium	108 [267] Hs Hassium	109 [26 M Meitnerium

Eigenschaften der Oxide

basisch — basisch / sauer — sauer

Edelgase

Ordnungszahl: 7 — Atommasse in u: 14,007
Elektronegativitätswert: 3,0 — Symbol: N
Name: Stickstoff

● Elemente der Lanthanreihe (Lanthanoide)

Periode					
6	58 140,12 1,1 Ce Cer	59 140,91 1,1 Pr Praseodym	60 144,24 1,2 Nd Neodym	61 [145] 1,2 Pm Promethium	62 150,3 1,2 S Samarium

●● Elemente der Actiniumreihe (Actinoide)

Periode					
7	90 232,04 1,3 Th Thorium	91 231,04 1,5 Pa Protactinium	92 238,03 1,7 U Uran	93 [237] 1,3 Np Neptunium	94 [24 1,3 P Plutonium

Die Atommassen in eckigen Klammern beziehen sich auf das längs